SYSTÈME SOLAIRE, SYSTÈMES STELLAIRES

Quai des SCIENCES

Embarquement immédiat !

Plus vite que la lumière
João Magueijo

Quand meurent les neurones
William Camu, Nicolas Chevassus-au-Louis
Préface de Axel Kahn

Matière noire et autres cachotteries de l'Univers
Alain Bouquet, Emmanuel Monnier
Préface de Trinh Xuan Thuan

Planète rouge, mythes et explorations
Francis Rocard

Le climat : jeu dangereux
Jean Jouzel, Anne Debroise

Le doigt de Galilée
Peter Atkins

Sexe, bonheur et cosmétiques
John Emsley

Ces nombre qui n'existent pas
Barry Mazur

Supercordes et autres ficelles
Carlos Calle

À propos de rien ; une histoire de zéro
Robert Kaplan

SYSTÈME SOLAIRE
SYSTÈMES STELLAIRES

Thérèse Encrenaz
Directeur de recherche au CNRS

DUNOD

Illustration de couverture :
Passage de Europe et Io devant Jupiter ;
Image de Voyager 1. © Nasa/JPL.

ISBN 2 10 048726 49
Une version antérieure de ce texte a été publiée sous le même titre dans la collection « Dominos », n°22, © Flammarion, 1994.

Avant-propos

Le système solaire est l'ensemble des corps célestes qui, comme la Terre, gravitent autour du Soleil. De Mercure, la planète* la plus proche du Soleil, aux lointaines comètes* du nuage de Oort*, le système solaire est constitué d'une infinie variété d'objets, de toutes natures, de toutes tailles, soumis aux conditions physiques les plus extrêmes et aux processus physico-chimiques les plus divers.

La planétologie – ou étude des objets du système solaire – occupe une place à part au sein de l'astronomie. Longtemps prépondérante dans les siècles passés (la Lune, les planètes et les comètes proches comptant parmi les objets les plus brillants du ciel nocturne) elle s'est effacée un moment, dans la première moitié du XXe siècle, devant l'essor de l'astronomie stellaire et extragalactique. Depuis une quarantaine d'années, la planétologie a connu un véritable bond en avant, largement promu par l'essor de l'exploration spatiale du système solaire, mais également fortement soutenu par les développements instrumentaux liés à l'avènement des grands télescopes. Plus récemment, la montée en puissance des moyens de calcul et des méthodes de

* Les mots suivis d'un astérisque (à leur première occurrence dans le texte) sont expliqués dans le glossaire en fin d'ouvrage.

simulation numérique a considérablement amélioré notre compréhension des scénarios de formation du système solaire.

Le développement de la planétologie est aussi grandement lié à son caractère pluridisciplinaire. Une forte interaction avec la physique théorique est indispensable pour interpréter les observations planétaires en termes de modèles physiques. Des contacts très étroits existent naturellement entre planétologues et astronomes, ces derniers voyant dans le Soleil et le système solaire une fenêtre sur l'Univers, un échantillon privilégié, observable de près, pour l'étude du milieu interstellaire et de la physique stellaire. Comme nous le verrons dans cet ouvrage, ces liens se sont considérablement renforcés avec la découverte, depuis une dizaine d'années, de planètes extérieures au système solaire (aussi appelées planètes extrasolaires, ou exoplanètes*), qui a donné naissance à un nouveau champ de recherche, celui de la formation des systèmes planétaires. Par ailleurs, l'exploitation des données relatives aux surfaces et aux atmosphères* planétaires a bénéficié d'une meilleure collaboration avec les spécialistes de la géophysique et de l'environnement de la Terre. En effet, l'étude de l'évolution climatique des planètes telluriques* nous renvoie à celle du climat passé et futur de la Terre. La découverte de nombreuses molécules dans les spectres* planétaires a nécessité leur étude en laboratoire, d'où une relation étroite avec les chimistes, et la recherche de molécules organiques complexes a renforcé les liens entre planétologues, chimistes et biologistes.

C'est ainsi qu'une nouvelle science a émergé, l'exobiologie, avec pour objectif affiché l'exploration des sites qui pourraient abriter une chimie prébiotique*, voire même des traces de vie passée ou présente. Dans le cas du système solaire, les cibles privilégiées sont la planète Mars, mais aussi le satellite* Europe de Jupiter et le satellite Titan de

Saturne. Au-delà du système solaire, l'intérêt se porte sur les nuages moléculaires denses, riches en molécules organiques complexes. Dans le futur, les exoplanètes de type terrestre, si elles existent, seront l'objet de toutes les attentions.

Ce qui caractérise le système solaire, c'est à la fois son unité et sa diversité, unité liée au champ de gravité solaire, qui maintient tout un ensemble de corps en orbite autour du Soleil, diversité de ces corps célestes, dans leur nature, les conditions physiques de leur environnement et les processus mis en œuvre au cours de leur histoire. Ce livre présentera tout d'abord un état des lieux de nos connaissances, au travers de l'analyse des différents types d'objets, de leur origine, de leur évolution, mais aussi des questions essentielles qu'ils nous posent. Nous verrons que notre connaissance des objets du système solaire ne cesse de se renouveler au fil de découvertes successives : le meilleur exemple en est la ceinture de Kuiper*, site des objets transneptuniens*, dont la présence était soupçonnée depuis des décennies sur la base de modèles dynamiques, mais dont la découverte par l'observation n'a eu lieu qu'au cours des dix dernières années.

Après ce tour d'horizon, nous retrouverons la perspective de l'astronome, pour qui le système solaire est un lien privilégié entre l'Univers et l'observateur. Pouvons-nous extrapoler au-delà de nos frontières les résultats de nos observations du système solaire ? En d'autres termes, puisque le Soleil semble n'être qu'une étoile très quelconque de notre Galaxie*, notre système solaire pourrait-il, lui aussi, être considéré comme un échantillon représentatif de multiples systèmes stellaires qui resteraient à découvrir ? Existe-t-il d'autres exoterres* dans l'Univers, et la vie a-t-elle pu s'y développer ?

Pendant de nombreuses décennies, les astronomes sont restés sans réponse face à cette question fondamentale. En dépit de multiples efforts, la recherche de planètes extérieures a été longtemps infructueuse. Ce n'est qu'en 1995 qu'a été découverte la première exoplanète gravitant autour d'une étoile de type solaire. Aujourd'hui nous connaissons plus d'une centaine d'exoplanètes situées autour d'étoiles proches, ce qui nous permet de dresser un premier bilan de la nature de ces systèmes stellaires voisins. Or une première constatation s'impose : ces systèmes n'ont rien de commun avec notre système solaire ! Alors que nos planètes géantes sont situées à l'extérieur du système, les exoplanètes découvertes (toutes géantes, car nous n'avons pas encore les moyens de détecter les plus petites) gravitent pour la plupart à proximité immédiate de leur étoile. Cette découverte totalement inattendue pose un formidable défi aux astronomes, car le scénario de formation du système solaire ne permet pas de rendre compte de la configuration de ces nouveaux systèmes stellaires. Comment se sont-ils formés ? Existe-t-il des exoterres, et si oui, où se situent-elles par rapport aux exoplanètes géantes ? La vie a-t-elle pu y apparaître ? Telles sont les grandes interrogations, au cœur de l'astronomie et de la planétologie d'aujourd'hui, qui seront abordées dans le dernier chapitre de cet ouvrage.

Chapitre 1
Des planètes géantes aux étoiles filantes

Observons le ciel, loin de la ville, à l'occasion d'une belle nuit d'été. Nous voyons scintiller des milliers d'étoiles. À cause du mouvement de rotation de la Terre autour de l'axe de ses pôles, ces étoiles semblent tourner autour de l'étoile polaire au cours de la nuit. Certains objets, cependant, semblent eux-mêmes se déplacer par rapport à ces étoiles : si nous les observons deux nuits consécutives, nous constatons que leur position par rapport aux étoiles voisines a changé. Les Grecs, pour cette raison, avaient donné à ces objets le nom de « planètes », c'est-à-dire d'« astres errants ». Ces planètes, comme la Terre, appartiennent au système solaire : elles subissent l'attraction gravitationnelle du Soleil et évoluent en orbite autour de celui-ci.

Les Grecs ne connaissaient que les planètes visibles à l'œil nu, qu'ils ont nommées selon les dieux de leur mythologie. Leur traduction latine nous est restée : Mercure, Vénus (figure C.1), Mars (figures 1.1 et C.2), Jupiter et Saturne (figure 1.2). Nous connaissons aujourd'hui neuf planètes en orbite autour du Soleil : à la liste des Grecs sont venues s'ajouter Uranus, Neptune et Pluton. Et il n'est pas encore certain que la liste soit close… En effet, nous savons aujourd'hui que

Figure 1.1
La planète Mars observée par la sonde Viking lors de son approche. (© NASA)

Pluton n'est que le plus gros élément d'une nouvelle famille d'objets récemment découverts : les objets transneptuniens, qui peuplent la ceinture de Kuiper.

Du fait de leurs dimensions et de l'éclat des plus brillantes d'entre elles dans le ciel, les planètes sont les objets les plus connus de notre système solaire. Mais elles ne sont pas les seuls éléments de cette grande famille. Au moyen d'un petit télescope, nous pourrons facilement identifier les satellites qui gravitent autour de Jupiter (figure C.3), ainsi que les anneaux* couronnant Saturne (figure C.4). Et si nous avons de la chance, nous pourrons apercevoir, au-dessus de l'horizon, au lever ou au coucher du Soleil, la chevelure d'une comète (figure 1.3). Planètes,

Figure 1.2
La planète Saturne observée lors de son survol par la sonde Voyager 1. (© NASA)

satellites, anneaux, comètes, poussières interplanétaires : tous ces objets célestes font partie du système solaire, que l'on peut définir comme l'ensemble des corps célestes soumis au champ de gravitation solaire.

Cette définition nous permet de fixer les dimensions du système solaire : l'influence gravitationnelle du Soleil se fait sentir jusqu'à une distance de l'ordre de deux années-lumière* environ, celle de l'étoile la plus proche, Proxima du Centaure, étant un peu supérieure à quatre années-lumière. Cependant, notre connaissance du système solaire est bien loin d'atteindre cette dimension : elle se limite à la partie quasi-centrale, à proximité immédiate du Soleil, dans laquelle évoluent les planètes, les astéroïdes* et les comètes que nous observons (figure 1.4).

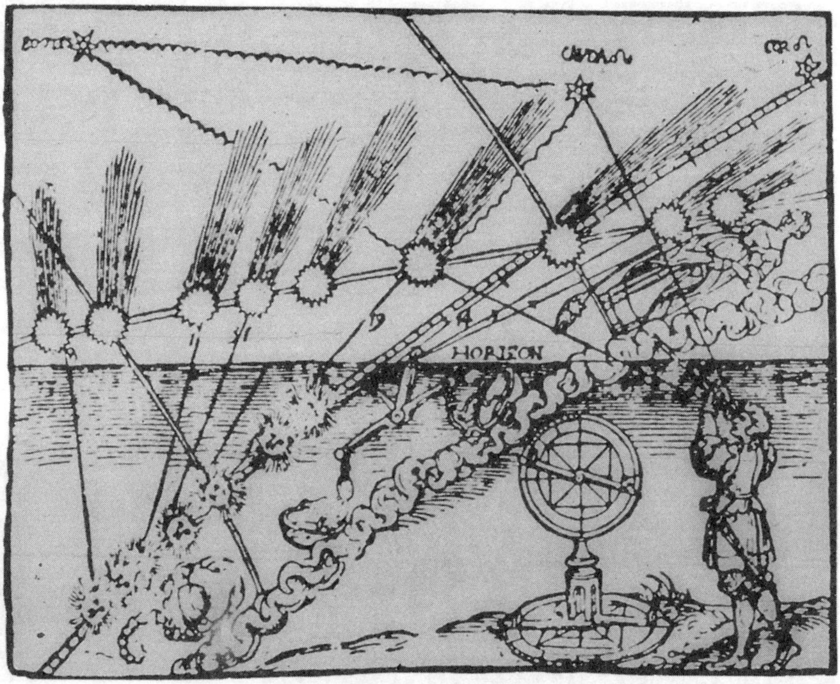

Figure 1.3

Représentation ancienne de la queue d'une comète en fonction de sa position par rapport au Soleil. Cette gravure, basée sur les observations de Pierre Apian (1495-1552), montre que la queue cométaire est toujours opposée au Soleil. (© Observatoire de Paris)

1.1 Le Soleil et l'écliptique

Chacun de ces objets décrit dans l'espace une ellipse dont le Soleil est l'un des foyers, conformément aux lois de Képler (voir Annexe I). Ces « lois » qui traduisent les équations générales de la gravitation furent définies par Johannes Kepler (1571-1630), conformément à la théorie du mouvement héliocentrique proposée par Nicolas Copernic (1473-1543), en opposition au système géocentrique de Ptolémée, admis depuis l'Antiquité.

Première constatation : sauf dans le cas de Pluton, la planète la plus éloignée, l'excentricité des ellipses décrites par les planètes est très

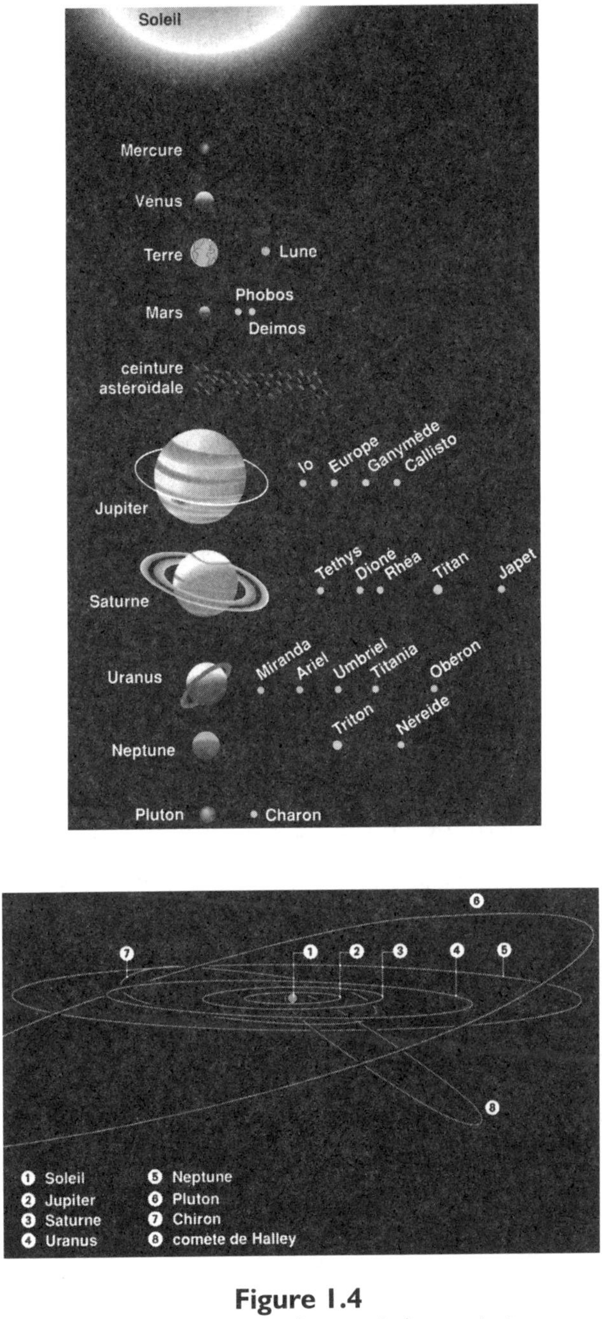

Figure 1.4
Schéma des planètes du système solaire et de leurs principaux satellites. (d'après T. Encrenaz, *Le système solaire*, Flammarion, Paris, 1994)

faible, et les orbites planétaires sont très proches de trajectoires circulaires autour du Soleil. Deuxième caractéristique remarquable : toujours à l'exception de Pluton (qui constitue, nous l'avons déjà vu, un cas particulier), les orbites planétaires sont toutes situées, à quelques degrés près, dans un même plan, celui de l'orbite terrestre, appelé plan de l'écliptique*. Le Soleil y est naturellement situé, et son axe de rotation est perpendiculaire à ce plan. La raison de ces coïncidences s'explique par le mode de formation du système solaire, comme nous le verrons plus loin.

Pour tenter de nous représenter l'ensemble des objets du système solaire, construisons une maquette imaginaire dans un plan horizontal (le plan de l'écliptique) et en fixant arbitrairement à 1 mètre la distance Soleil-Terre (c'est cette distance que l'on définit comme l'unité astronomique* (UA)). Dans ce système, le Soleil est une boule de 10 centimètres de diamètre environ. Mercure, la planète la plus proche du Soleil, est une petite bille d'un diamètre inférieur au millimètre, située à environ 40 centimètres du Soleil. Vénus, la Terre et Mars ont chacune un diamètre de l'ordre de 1 à 2 millimètres, et évoluent sur des cercles situés respectivement à 72 centimètres, 1 mètre et 1,50 mètre du Soleil. Continuons à nous éloigner : à une distance de l'ordre de 2,50 mètres à 3 mètres, nous trouvons une sorte de couronne contenant des poussières ténues, d'un diamètre de l'ordre de 10 à 100 microns : ce sont les astéroïdes, ou « petites planètes » (figure 1.5). Cette couronne est d'ailleurs plus exactement un tore : elle a une certaine épaisseur, les orbites des astéroïdes pouvant présenter une certaine inclinaison par rapport au plan de l'écliptique. Poursuivons notre périple : à une distance de 5 mètres du Soleil, nous arrivons à l'orbite de Jupiter, la première et la plus volumineuse des planètes géantes : c'est une bille d'un centimètre de diamètre. Elle est suivie de

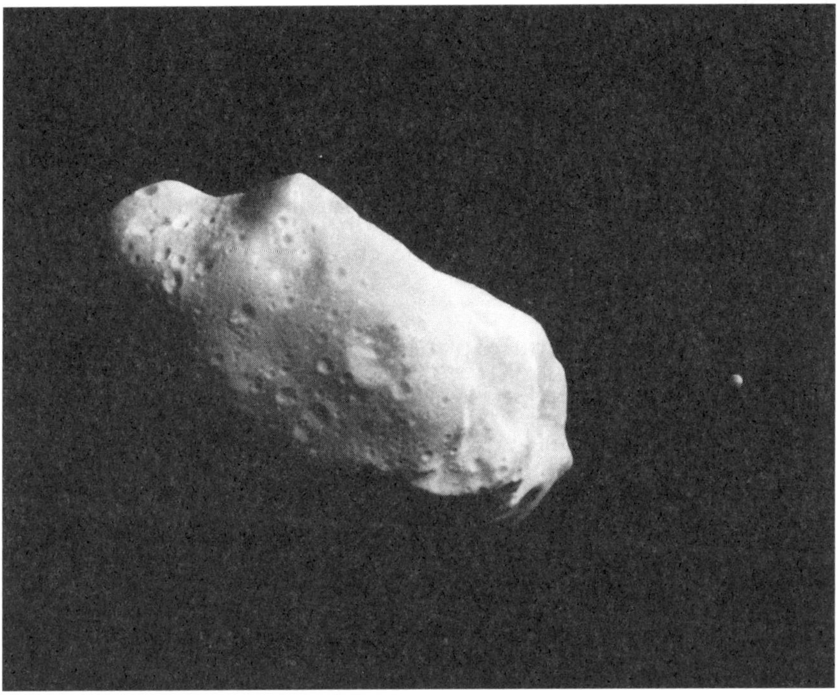

Figure 1.5
L'astéroïde Ida et son satellite Dactyl, photographiés par la sonde Galileo lors de son survol de l'astéroïde en août 1993. (© NASA)

Saturne (8 mm de diamètre), à 10 mètres du Soleil, puis d'Uranus et de Neptune (tous deux de 5 mm de diamètre), respectivement à 20 et 30 mètres.

Certaines planètes sont accompagnées d'un cortège de satellites ou d'un système d'anneaux. C'est en particulier le cas des planètes géantes, qui possèdent l'un et l'autre. Le système d'anneaux le plus remarquable est celui de Saturne. Sur notre maquette, ses anneaux se représentent par une rondelle, infiniment mince, dont le diamètre extérieur est de 1,5 cm. Vient ensuite la série de ses satellites dont le plus gros, Titan, est aussi le plus célèbre (nous y reviendrons). Situé à 10 centimètres de Saturne, il a un diamètre de 2 millimètres environ. Un autre système de satellites remarquable est constitué par les quatre satellites galiléens de Jupiter, ainsi nommés depuis leur découverte par Galilée en 1610. Ces quatre petites billes, de l'ordre du millimètre de diamètre, évoluent en orbite autour de Jupiter à une distance allant de 3 à 12 centimètres. Notons enfin le plus familier de tous les satellites, la Lune, petite bille de 1 millimètre de diamètre, évolue en orbite autour de la Terre à 2,5 centimètres de celle-ci.

Pour matérialiser la dernière planète, Pluton, ainsi que les comètes, il nous faut, comme pour les astéroïdes, sortir du plan de l'écliptique. L'orbite de Pluton (dont le diamètre est de l'ordre du millimètre) est fortement excentrique, et inclinée de 17° par rapport au plan horizontal. Quant aux comètes, elles ont souvent des orbites extrêmement excentriques qui peuvent les amener très près du Soleil (certaines d'entre elles peuvent même être happées dans son champ de gravitation et se volatiliser) puis les emmener aux confins du système solaire. À notre échelle réduite, elles ne sont pas visibles puisqu'elles mesurent moins d'un micron de diamètre.

Jusqu'au début des années 1990, notre description des objets du système solaire s'arrêtait ici. Mais les progrès technologiques associés à la mise en service de grands télescopes ont rendu possible, à partir de 1992, la détection de très petits corps, situés au-delà de l'orbite de Neptune (d'où leur nom d'objets transneptuniens). Ils peuplent la ceinture d'Edgeworth-Kuiper (aussi appelée ceinture de Kuiper), du nom des deux astronomes qui les premiers avaient prédit son existence sur la base de modèles dynamiques. À l'échelle de notre maquette, les objets transneptuniens sont, comme les astéroïdes, des poussières de 10 à 100 microns de diamètre, qui évoluent sur des orbites tantôt circulaires, tantôt elliptiques.

Jusqu'où s'étend notre maquette du système solaire ? L'étoile la plus proche, Proxima du Centaure, est à 250 kilomètres ! La sphère d'influence du Soleil s'étend donc jusqu'à une centaine de kilomètres environ. On voit qu'à une échelle astronomique, nous sommes très près du Soleil, ce qui n'est pas un hasard, le rayonnement solaire étant indispensable à notre existence. On voit aussi qu'en dépit du nombre et de la variété de ses objets, ce qui caractérise le système solaire, c'est d'abord le vide. Un vide tellement extrême qu'aucune simulation de laboratoire ne saurait même l'approcher. Un vide qui, toutefois, n'est pas absolu : l'espace interplanétaire est peuplé de « poussières », issues d'anciennes collisions astéroïdales, ou éjectées par les comètes au moment du passage de celles-ci à proximité du Soleil. Il arrive que certaines de ces poussières interceptent l'atmosphère terrestre, y pénètrent et deviennent alors observables sous forme de météorites* ou d'« étoiles filantes »*. Enfin, le milieu interplanétaire est aussi traversé par le vent solaire*, flux de particules ionisées émises en permanence par le Soleil.

On le voit, les objets du système solaire, quoique perdus dans l'immensité de l'espace interplanétaire, prennent des formes multiples et variées. Ils ont en commun un point essentiel : comme la Terre, ils gravitent autour du Soleil. Leur concentration – toute relative – dans un rayon de quelques dizaines d'unités astronomiques autour du Soleil évoque une oasis au milieu du désert. Nous allons à présent les observer d'un point de vue physique, et d'un peu plus près.

1.2 Qu'est-ce qu'une planète ?

Que savons-nous des objets du système solaire ? Leur observation au télescope, depuis des siècles, a permis de définir, au moins pour les plus massifs d'entre eux, leurs paramètres physiques fondamentaux : diamètre, masse, densité (voir l'annexe II). Dans le cas d'objets entourés d'une atmosphère gazeuse, les mesures réalisées depuis la Terre au cours des dernières décennies, couplées à de nombreuses missions d'exploration spatiale, ont permis de déterminer, au moins dans leurs grandes lignes, la structure thermique et la composition chimique de ces atmosphères.

Sur le plan physique, les objets du système solaire ont en commun une caractéristique essentielle : à la différence des étoiles, et du Soleil en particulier, ils n'émettent pas de rayonnement visible propre ; nous n'en percevons que la lumière solaire réfléchie par leur surface ou diffusée par leur atmosphère. La raison en est simple : les objets du système solaire ne sont pas suffisamment massifs pour avoir généré en leur sein les températures extrêmement élevées (supérieures au million de degrés) nécessaires au démarrage des réactions nucléaires qui « enflamment » les étoiles. Les théories d'évolution stellaire prédisent que de telles réactions ne peuvent se déclencher que si la masse de la protoétoile* est d'au moins quelques centièmes de la masse du Soleil. Or la masse de Jupiter, la plus grosse planète du système solaire, n'en atteint que le millième.

Tous les objets du système solaire sont donc des objets relativement froids, en comparaison du Soleil et des étoiles en général. Ils ont toutefois un rayonnement propre qui vient s'ajouter au rayonnement solaire qu'ils réfléchissent : c'est le rayonnement infrarouge correspondant à leur température intrinsèque. En effet le rayonnement solaire reçu n'est pas entièrement réfléchi, mais une partie est absorbée et chauffe l'objet qui rayonne alors dans le domaine des ondes infrarouges. La fraction d'énergie solaire réfléchie, ou albédo*, varie de quelques centièmes (dans le cas des astéroïdes et des comètes) à quelques dixièmes (dans le cas des planètes). La température intrinsèque des objets dépend de la quantité d'énergie solaire reçue, et par conséquent elle décroît à mesure que la distance héliocentrique* augmente. Elle varie de quelques centaines de kelvins* (soit plus de 100 °C) à proximité du Soleil à quelques dizaines de kelvins (environ -230 °C) dans le cas des comètes et des planètes les plus éloignées.

1.3 Planètes telluriques et planètes géantes

Les planètes se divisent en deux grandes catégories selon leur distance au Soleil : les planètes telluriques, les plus proches du Soleil, et les planètes géantes, plus éloignées. À ces deux familles s'ajoute Pluton, la plus éloignée des planètes, qui constitue, comme nous l'avons déjà dit, un cas particulier sur lequel nous reviendrons.

Les planètes telluriques, ainsi nommées pour leur ressemblance avec la Terre, regroupent Mercure, Vénus, la Terre (figure C.5) et Mars. Ces objets ont un diamètre et une densité du même ordre que ceux de la Terre. Elles n'ont pas ou peu de satellites : Mercure et Vénus en sont démunies, la Terre en a un seul (la Lune) et Mars deux, de petites dimensions, Phobos et Deimos. Leur distance au Soleil varie de 0,4 UA (Mercure) à 1,5 UA (Mars). Comme la Terre, elles sont toutes dotées d'une surface solide, mais leurs atmosphères présentent une très grande diversité : Mercure en est dépourvue, tandis que celle de Mars est très ténue (sa pression est de 7 millibars en moyenne à la surface) et que celle de Vénus est extrêmement dense (93 bars à la surface), l'atmosphère terrestre (figure 1.6) présentant un cas intermédiaire (1 bar* à la surface). La seule caractéristique commune à ces atmosphères réside dans leur composition chimique, à base de gaz carbonique, d'azote, d'eau et d'oxygène ; nous y reviendrons.

Les planètes géantes (Jupiter, Saturne, Uranus et Neptune) sont plus éloignées du Soleil. Leur distance héliocentrique varie de 5 UA (Jupi-

Figure 1.6
La Terre vue de l'espace. On reconnaît l'Antarctique, le continent africain et la côte est de Madagascar. Les traînées blanches sont dues aux nuages de vapeur d'eau. (© NASA)

ter) à 30 UA (Neptune). Elles se caractérisent par un diamètre important et une faible densité, voisine de celle de l'eau. Elles sont très froides à cause de leur éloignement du Soleil. Elles sont constituées de gaz et de glaces, atteignant en leur centre des pressions énormes (plus d'un million de bars), et bien que possédant sans doute un noyau solide interne, elles n'ont pas de surface accessible à l'observation.

À la différence des planètes telluriques, les quatre planètes géantes ont une atmosphère constituée d'éléments légers, à base d'hydrogène et d'hélium, les éléments plus lourds y étant présents sous forme hydrogénée (méthane, ammoniac, eau). Nous verrons plus loin comment le scénario de formation du système solaire permet d'expliquer ces différences fondamentales entre les deux familles planétaires.

Chaque planète géante est accompagnée d'un important cortège de satellites (on en recensait début 2004 plus d'une trentaine pour Jupiter et Saturne, et le nombre de nouvelles détections ne cesse d'augmenter), ainsi que d'un système d'anneaux. Ces satellites et ces systèmes d'anneaux présentent eux-mêmes une grande diversité. Certains satellites sont plus gros que Mercure, tandis que d'autres, avec quelques dizaines de kilomètres de diamètre, s'apparentent à de petits astéroïdes. Titan, satellite de Saturne, se présente d'emblée comme un cas exceptionnel : il est en effet le seul satellite à être entouré d'une atmosphère épaisse. En dépit de sa grande distance héliocentrique, celle-ci présente une étonnante analogie avec l'atmosphère terrestre : elle est essentiellement constituée d'azote, et la pression en surface est de 1,5 bar. C'est dire si cet objet fascine les astronome !

Enfin, Pluton, aux confins du système solaire, ne peut se ranger dans aucune des deux catégories décrites ci-dessus. On sait encore peu de chose de cette planète, dont l'atmosphère très ténue subit d'importantes fluctuations en fonction de son excentricité. Les saisons y sont aussi particulièrement marquées. Pluton est dotée d'un satellite, Charon, suffisamment massif et proche de la planète pour que l'on puisse parler de « système double », le centre de gravité de l'ensemble étant situé entre les deux objets. L'origine de ce système est encore incertaine. Avec la détection d'objets lointains en nombre rapidement croissant, Pluton nous apparaît aujourd'hui comme le représentant le plus massif de la classe des objets transneptuniens, ou objets de Kuiper ; nous y reviendrons.

1.4 Astéroïdes, comètes et objets transneptuniens

Continuons notre inventaire des objets du système solaire, en les prenant par ordre de taille décroissante. Après les planètes, nous rencontrons les astéroïdes, ou « petites planètes ». En explorant notre maquette du système solaire, nous les avions trouvés regroupés à mi-distance entre les orbites de Mars et de Jupiter. Leur diamètre, de l'ordre de quelques dizaines à quelques centaines de kilomètres, les apparente aux satellites les plus petits. Leur orbite, quasi-circulaire, est parfois très inclinée par rapport au plan de l'écliptique. Leur regroupement dans une région dénuée de planète suggère qu'il pourrait s'agir de débris n'ayant pu se constituer (ou se maintenir) en une planète unique.

Classe s'apparentant à des astéroïdes lointains, les objets transneptuniens peuplent la ceinture de Kuiper, à des distances du Soleil comprises entre 30 et 100 UA. Si plus de la moitié d'entre eux a une orbite circulaire, les autres présentent des orbites pouvant être très excentriques. Si la limite intérieur de la ceinture de Kuiper est bien définie par l'orbite de Neptune, la limite extérieure est encore mal identifiée.

Enfin, une dernière classe d'objets concerne les corps les plus spectaculaires du système solaire, les comètes. Très petites, n'excédant pas la dizaine de kilomètres de diamètre, elles sont situées sur des ellipses extrêmement excentriques et, le plus souvent, hors de l'écliptique. On pense actuellement qu'elles ont été formées à des distances héliocentriques de quelques dizaines d'UA. Celles qui se sont formées à proximité des orbites d'Uranus et de Neptune ont été éjectées, par le jeu des perturbations gravitationnelles liées aux planètes géantes, aux confins du système solaire, dans le nuage de Oort, à quelque 40 000 UA du Soleil. D'autres perturbations peuvent occasionnellement ramener un petit nombre d'entre elles à proximité du Soleil et de la Terre, où elles deviennent observables. Quant aux comètes formées au-delà de Neptune, dans la ceinture de Kuiper, elles reviennent parfois dans le système solaire intérieur, toujours sous l'effet de perturbations gravitationnelles. De telles perturbations sont responsables de la venue des comètes à courte période que nous observons, qui se trouvent dotées d'une faible inclinaison sur le plan de l'écliptique.

Du fait de la basse température des régions éloignées du Soleil, les comètes, à la différence des astéroïdes, contiennent principalement de la glace. Une petite partie de celle-ci se sublime* sous l'effet du rayonnement solaire lorsque la comète se rapproche du Soleil : il y a alors éjection de poussière et de glace, et formation d'un halo et de queues cométaires, souvent spectaculaires. Les grains cométaires ainsi libérés s'échappent dans l'espace pour former le nuage zodiacal*, situé dans le plan de l'écliptique et constitué de poussières interplanétaires.

1.5 Le milieu interplanétaire

L'existence de la matière interplanétaire est mise en évidence lorsque certains fragments de cette matière pénètrent dans l'atmosphère de la Terre : ce sont les météores* (ou étoiles filantes) et les météorites. Certaines pluies de météores ont lieu périodiquement, lorsque la Terre, dans sa trajectoire autour du Soleil, rencontre un nuage de poussière regroupé autour de l'orbite d'une comète (c'est le cas du nuage des Perséides, à l'origine de la pluie de météores qui se produit chaque année au mois d'août). Ces pluies sont provoquées par la désintégration de poussières et de grains de diamètre inférieur à quelques centimètres. D'autres corps plus massifs, les météorites, atteignent la surface terrestre sans être totalement détruits. Compte tenu de leur composition chimique, on pense que ceux-ci sont plutôt d'origine astéroïdale.

Les poussières interplanétaires sont aussi observables dans le nuage zodiacal qui réfléchit faiblement la lumière solaire le long du plan de l'écliptique. Ce rayonnement est plus particulièrement visible dans la direction opposée au Soleil.

Terminons notre inventaire par une autre composante moins connue du milieu interplanétaire. La découverte d'un courant continu de particules ionisées en provenance du Soleil date des années 1950. L'écoulement de ce plasma* chaud, dénommé vent solaire, est lié directement à la couronne solaire et à sa haute conductibilité thermique. La vitesse du plasma est d'environ 400 km/s à une distance du Soleil de 1 UA. Sa densité peut croître d'un facteur 10 dans les périodes d'activité solaire, mais elle décroît selon l'inverse du carré de la distance héliocentrique. La composition de ce plasma est approximativement de 95 % de protons et de 5 % de noyaux d'hélium. Dans le cas de planètes dotées d'un intense champ magnétique, l'interaction de celui-ci avec le vent solaire peut donner lieu à des phénomènes complexes dans l'enveloppe ionisée qui les entoure, appelée magnétosphère*.

En résumé, le système solaire regroupe une infinie variété d'objets de toutes dimensions. Il est aussi le siège de phénomènes physiques complexes et très divers. Nous allons voir dans le chapitre suivant comment l'histoire du système solaire explique tant de diversité.

Chapitre 2
Les méthodes d'exploration : télescopes et sondes spatiales

Pendant plusieurs siècles, l'observation des planètes et des comètes s'est effectuée depuis la Terre, avec des télescopes de plus en plus grands (figure 2.1) et des instruments de plus en plus sensibles. Une étape notoire de cette exploration fut lorsque Galilée découvrit en 1610 les quatre gros satellites de Jupiter, qualifiés depuis de « galiléens ». En 1654, Huygens découvre la nature des anneaux de Saturne, dont l'aspect, variable en fonction des années (selon la position de la Terre par rapport à leur plan), avait fortement intrigué Galilée. Un peu plus tard, en 1675, Cassini détecte, au milieu de ces anneaux, la division qui depuis porte son nom. Un siècle plus tard, en 1781, l'astronome Herschel découvre Uranus, et en 1846, Le Verrier, à partir de l'analyse des perturbations de la trajectoire de cette dernière, déduit l'existence d'une huitième planète, en calcule la masse et la trajectoire, et confirme la validité de son hypothèse par la découverte de Neptune, observée dans le ciel à l'endroit annoncé. Enfin, en 1930, l'astronome américain C. Tombaugh découvre Pluton sur la base de calculs similaires. Cependant, dans ce cas, la découverte fut fortuite : la masse de Pluton n'est en effet pas suffisante pour rendre compte des écarts mesurés à

Figure 2.1

La grande lunette de l'Observatoire de Paris à Meudon. Installée en 1893, elle est constituée de deux instruments : la première lunette, destinée à l'observation visible, a un diamètre de 83 cm et une focale de 16,34 m ; la seconde, d'un diamètre de 62 cm et de focale 15,9 m, est destinée aux observations photographiques. Par sa taille, cet instrument occupe la troisième place dans le monde. (© Observatoire de Paris, Kharbine-Tapabor) l'époque sur la trajectoire de Neptune. Ceux-ci impliquent-ils l'existence d'une dixième planète ? On l'a longtemps cru et recherché, sans succès, les écarts étant sans doute imputables à l'imprécision des mesures. Toutefois, cette quête a conduit, grâce à l'avènement des grands télescopes (figure 2.2), à la découverte récente d'une nouvelle classe d'objets, plus éloignés et moins massifs, peuplant la ceinture de Kuiper.

Comme les cinq planètes les plus brillantes, les comètes sont connues depuis l'Antiquité. Leur apparition soudaine et imprévisible, leur mouvement souvent rapide dans le ciel les ont fait considérer pendant des siècles comme des témoins de l'au-delà, souvent porteurs

Figure 2.2

Les quatre télescopes de 8 m de diamètre du VLT (*Very large telescope*) du European Southern Observatory (ESO) font de cet ensemble l'un des instruments astronomiques les plus puissants du monde. Situés à Cerro Paranal, dans le Nord du Chili, ils sont placés dans un endroit extrêmement sec et très propice à l'observation astronomique. Photo de Thérèse Encrenaz.

de mauvais présages. C'est l'astronome Edmund Halley, qui, au XVIIIe siècle, leva le mystère de leur origine. À partir des théories récentes de Képler et de Newton, il comprit le caractère périodique de leur passage à proximité de la Terre et du Soleil, et fut capable de prédire avec succès le retour de la comète qui porte son nom, en 1759. Les bases de la physique cométaire étaient jetées. L'exploration cométaire a fortement progressé au cours des deux dernières décennies, avec d'abord l'apparition de 1986 de la comète de Halley, puis les apparitions de deux nouvelles comètes brillantes, Hyakutake en 1996 et Hale-Bopp en 1997.

En dehors de sa trajectoire, que peut-on apprendre d'une planète ou d'une comète à partir de son observation au télescope ? On peut déterminer sa distance par la méthode des parallaxes, qui consiste à mesurer sur le ciel le mouvement apparent dû déplacement de la Terre en rotation autour du Soleil. Son diamètre est mesuré par observation directe, et sa masse est aisément déterminée lorsque l'objet est doté d'un ou de plusieurs satellites. En revanche, en l'absence de satellites, cette évaluation devient beaucoup plus difficile, et dans le cas de Vénus, on a utilisé l'étude précise de la trajectoire des sondes spatiales à proximité de la planète. Concernant les comètes, la détermination de la masse – un paramètre pourtant décisif dans les modèles de physique cométaire – reste actuellement très incertaine.

2.1 Les techniques d'observation

Une fois mesurés les grands paramètres physiques et géométriques des objets du système solaire, il nous reste à comprendre l'essentiel : de quoi sont-ils faits ? Pour le découvrir, nous avons recours à deux grandes techniques astronomiques complémentaires : l'imagerie et la spectroscopie*.

L'imagerie, c'est-à-dire l'observation des astres tels qu'ils nous apparaissent dans le ciel, est pratiquée depuis l'Antiquité. Basée pendant des siècles sur l'observation visuelle, elle s'est développée au début du XXe siècle avec l'appareil photographique, puis, depuis une vingtaine d'années, avec l'apparition de caméras utilisant diverses technologies accroissant leur sensibilité. C'est grâce à ces outils qu'ont été détectées puis surveillées les calottes polaires de Mars, variables en fonction du cycle saisonnier de la planète, les structures nuageuses des planètes géantes, notamment la grande tache rouge de Jupiter, les anneaux de Saturne ou encore les comètes lors de leur passage à proximité du Soleil.

Si l'imagerie nous permet de décrire un objet céleste et son évolution en fonction du temps, elle ne nous apprend rien sur sa nature chimique. Il nous faut l'aide de la spectroscopie, c'est-à-dire l'étude du rayonnement des astres en fonction de sa longueur d'onde. En effet, les atomes et les molécules, présents dans les atmosphères planétaires et cométaires, émettent ou absorbent du rayonnement à certaines longueurs d'onde bien définies. Par exemple, dans le domaine du rayonnement visible, le sodium (Na) présente dans le jaune deux raies d'émission caractéristiques, l'hydrogène a quant à lui une forte raie d'émission à une longueur d'onde bien précise dans l'ultraviolet, et la molécule de gaz carbonique présente une intense bande dans l'infrarouge. Ces raies, ou bandes, spectrales sont dites les « signatures » des constituants – atomes ou molécules – qui les émettent et leur présence dans le spectre de l'objet étudié permet de déduire sans ambiguïté celle du constituant dans son atmosphère. On en tire également une information sur l'abondance du constituant, ainsi que sur les caractéristiques physiques (pression, température...) du milieu où il se trouve.

Il est donc possible de déterminer la composition chimique d'un gaz à partir de l'analyse du rayonnement qu'il émet dans les différents domaines du spectre électromagnétique, de l'ultraviolet aux ondes radio. D'une manière générale, l'examen des rayonnements ultraviolet et visible est propice à l'étude des atomes, des ions et des radicaux, car ces rayonnements sont suffisamment énergétiques pour exciter des transitions électroniques, voire de dissocier ou d'ioniser les molécules. En revanche, le rayonnement infrarouge, moins énergétique, permet l'analyse des molécules neutres par l'étude de leurs transitions de vibration et de rotation (figure 2.3). Il se prête aussi à l'étude des objets froids, car le maximum de leur émission se déplace vers l'infrarouge à mesure que leur température décroît.

L'observation spectroscopique des astres se trouve toutefois compliquée du fait de la présence de l'atmosphère terrestre, qui s'interpose entre l'objet observé et le télescope, et absorbe le rayonnement à certaines longueurs d'onde, notamment dans l'infrarouge et l'ultraviolet. Cette technique a néanmoins été utilisée dès le début du siècle, d'abord dans le domaine visible, plus facilement accessible depuis la Terre, puis aux autres longueurs d'onde (infrarouge, ultraviolet, ondes radio). Les domaines infrarouge et radio sont partiellement observables depuis la Terre, dans des fenêtres spectrales bien définies. L'accès à l'ultraviolet, en revanche, n'est possible que de l'espace. Plusieurs satellites en orbite terrestre ont permis l'observation des astres, notamment dans les domaines ultraviolet (IUE, *International ultraviolet explorer* ; HST, *Hubble space telescope*) et infrarouge (*Infrared space observatory*). Le satellite Herschel, qui sera lancé en 2007, complétera la couverture spectrale depuis l'infrarouge lointain jusqu'au domaine submillimétrique. La spectroscopie, pratiquée depuis le sol et l'espace, a fourni la base de notre connaissance de la composition chimique des planètes géantes et des comètes.

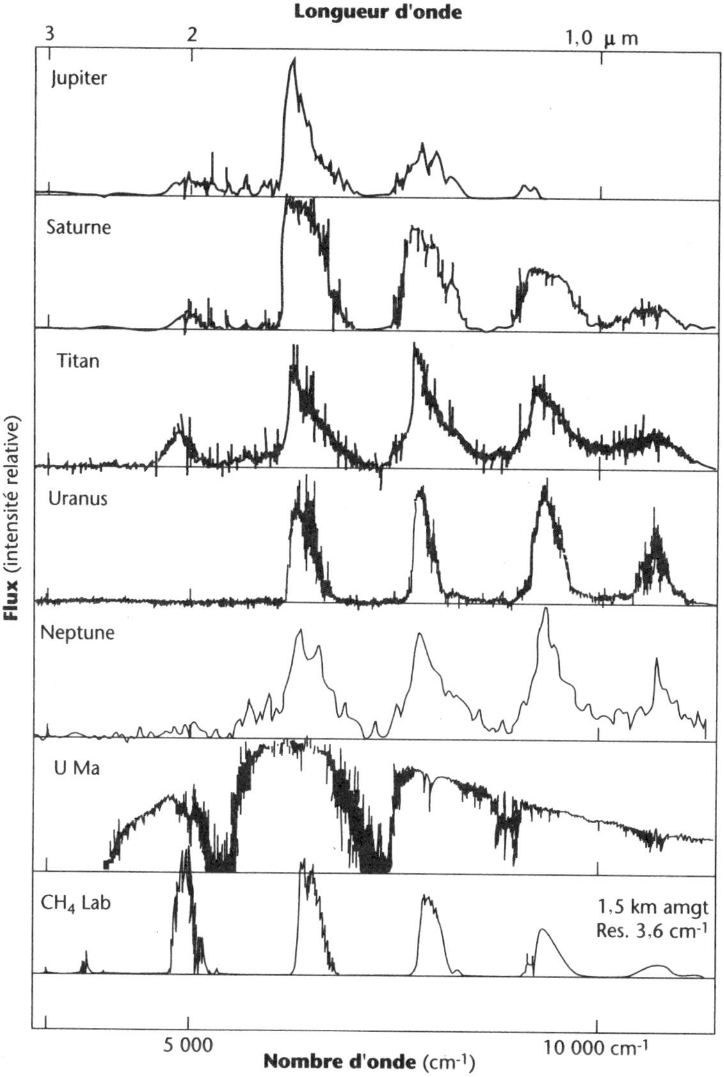

Figure 2.3

Le spectre des planètes géantes et de Titan dans l'infrarouge proche, entre 1 et 2,5 micromètres. En bas, un spectre stellaire (UMa) montre les domaines spectraux de transparence, ou « fenêtres » de l'atmosphère terrestre, et un spectre de laboratoire montre les bandes d'absorption du méthane CH_4. Celles-ci sont prédominantes dans les spectres des planètes géantes et de Titan (d'après H.H. Larson, *Ann. Rev. Astron. Astrophys.*, 18, 43, 1980, et Th. Encrenaz, *Les planètes géantes*, Belin, 1996. © Belin).

2.2 La recherche spatiale

Le développement des observations depuis la Terre a permis une augmentation considérable de nos connaissances au cours des cinquante dernières années, mais c'est l'exploration spatiale planétaire qui a toutefois constitué pour la planétologie un véritable bond en avant. Dans les années 1960, Américains et Soviétiques font leurs premières armes avec l'étude de la Lune (grâce aux sondes Luna et Apollo) et de Vénus (avec les premières sondes Venera). Le programme d'exploration lunaire culmine avec la première mission habitée sur la Lune (Apollo 11), en juillet 1969. Les années 1970 voient les premières étapes de l'exploration de Vénus (poursuite du programme Venera) et de celle de Mars (sondes Mariner, puis Viking). Enfin l'étude des planètes géantes commence, également dans les années 1970, avec les sondes Pioneer 10 et 11, puis Voyager 1 et 2. La mission Voyager, particulièrement fructueuse, a exploré successivement les quatre planètes géantes et s'est achevée en apothéose avec le survol de Neptune par Voyager 2 en août 1989. Autre événement spectaculaire, l'exploration simultanée de la comète de Halley par cinq sondes spatiales, en mars 1986, a également marqué une étape décisive dans le développement de la recherche cométaire.

À bord des satellites envoyés à proximité des objets célestes à étudier, les mesures d'imagerie et de spectroscopie à distance peuvent s'effectuer dans des conditions d'autant meilleures que la planète est proche. De plus, elles ne sont plus gênées par l'atmosphère de la Terre, opaque à certaines longueurs d'onde. Mais surtout, il est possible de réaliser, au cours de ces missions, d'autres sortes de mesures, dites *in situ* : il s'agit de l'analyse des surfaces par radar, de la détection de particules par mesures d'impacts, de l'analyse d'échantillons de gaz et de grains, prélevés sur place, par spectroscopie de masse, etc.

Dans le cas de Mars et de Vénus, en particulier, la spectroscopie de masse *in situ* nous a fourni une mesure exacte de la composition chimique des atmosphères de ces planètes. La surface de Venus a pu être cartographiée avec précision grâce au radar de la mission Magellan, au début des années 1990. En dépit de nombreux échecs, l'exploration de Mars connaît un nouvel essor avec, depuis 2003, l'opération simultanée des orbiteurs Mars Global Surveyor, Mars Odyssey et Mars Express, ainsi que des modules Spirit et Opportunity, qui se sont posés en surface en 2003 également. Quant aux planètes géantes, elles n'ont pas été oubliées. Il faut bien entendu mentionner l'extraordinaire succès, tant scientifique que technologique, de la mission Galileo et de son module de descente dans l'atmosphère de Jupiter, en décembre 1995. Quant au système de Saturne, son exploration a commencé en 2004 avec la mission Cassini : lancée en 1997 dans le cadre d'une collaboration ESA-NASA, cette sonde est constituée d'un orbiteur, muni de nombreux instruments de sondage à distance, réalisé par la NASA, et d'un module de descente, Huygens, sous responsabilité européenne, destiné à l'exploration *in situ* de Titan. Après avoir observé Jupiter lors de son survol de la planète en décembre 2000, l'orbiteur s'est placé, pour plusieurs années, en orbite autour du système de Saturne en juillet 2004. Huygens quant à lui, après une descente d'environ deux heures dans l'atmosphère de Titan, s'est posé avec succès sur la surface du satellite le 14 janvier 2005 (figure 2.4).

Notons que les satellites artificiels en orbite autour de la Terre sont également très utiles pour la planétologie : ils permettent l'observation du rayonnement des planètes et des comètes à des longueurs d'onde inaccessibles depuis le sol, à cause de l'opacité de l'atmosphère terrestre. C'est le cas en particulier du télescope spatial Hubble (*Hubble space telescope*), qui sonde l'ultraviolet (mais aussi le visible), et de

Figure 2.4
Schéma de la sonde Cassini et de son module de descente Huygens qui a pénétré dans l'atmosphère de Titan au début de l'année 2005. (© NASA)

l'*Infrared space observatory* (ISO), qui a opéré en orbite terrestre entre 1995 et 1998.

2.3 Les analyses de laboratoire

Enfin, un autre domaine d'étude mérite d'être rappelé : il s'agit de l'analyse en laboratoire des échantillons lunaires et météoritiques. L'examen de la matière extraterrestre collectée sur la Terre est pratiqué depuis près d'un siècle : environ 500 tonnes de météorites ont ainsi été identifiées. Actuellement, l'essentiel des collectes météoritiques est effectué au Sahara et à la surface des calottes polaires, où les météorites sont conservées dans la glace et protégées de la pollution atmosphérique. L'étude de ces échantillons s'est considérablement développée grâce aux progrès réalisés en matière de mesure quantitative des divers éléments chimiques qui les composent. Ces mesures nous renseignent sur l'âge des météorites, ainsi que sur l'intensité des rayons cosmiques* en différents endroits et à différents moments de l'histoire du système solaire.

Chapitre 3
De l'effondrement initial à l'explosion finale

L'observation du mouvement actuel des planètes fait ressortir quelques faits simples. Nous avons vu que leurs orbites sont quasi-circulaires et très proches du plan de l'écliptique. Les planètes ont toutes le même sens de révolution autour du Soleil, qui est aussi celui de la rotation du Soleil sur lui-même. À l'exception de Vénus (l'origine de ce phénomène n'étant pas clairement élucidé), c'est aussi leur sens de rotation propre.

C'est à Nicolas Copernic (1473-1543) que l'on doit les bases de notre conception actuelle du système solaire. Les principes – qui d'ailleurs reprennent les théories de deux précurseurs incompris en leur temps, Aristarque de Samos (280 av. J.-C.) et Nicolas de Cuse au XVe siècle – en sont les suivants : les planètes tournent autour du Soleil et sur elles-mêmes, et les dimensions du système solaire sont négligeables en comparaison de sa distance aux étoiles et de la distance des étoiles entre elles. La théorie de Copernic s'imposa grâce aux travaux théoriques ultérieurs de Képler, Galilée et Newton qui la confirmèrent et l'inscrivirent dans le contexte plus général des lois de la gravitation universelle.

Comment expliquer le mouvement des planètes que nous observons aujourd'hui ? Les théories actuelles s'accordent sur le concept d'une « nébuleuse primitive », d'abord introduit par Emmanuel Kant (1724-1804) et Pierre-Simon de Laplace (1749-1827). Selon ce modèle, le système solaire trouve son origine dans un nuage de « matière primordiale » tournant sur lui-même et se contractant sous l'effet de la gravitation. Qu'est-ce donc que cette matière primordiale ? Sa composition chimique doit être proche de celle que l'on observe actuellement dans le milieu interstellaire : l'hydrogène y est majoritaire, à environ 90 %, puis vient l'hélium, puis, à l'état de traces, d'autres atomes plus lourds, dont la concentration est en général inversement proportionnelle à leur poids.

Reprenons notre nuage primordial, turbulent et instable. Sa vitesse de rotation augmente jusqu'à ce qu'il s'effondre pour former un disque. La matière centrale, sous l'effet de la gravité, se rassemble pour former une étoile, notre futur Soleil, tandis qu'à de plus grandes distances du centre, où la température est moins élevée, la matière, sous forme condensée, s'agglomère pour former de petites particules. Ce sont ces particules qui, petit à petit, vont se coller ensemble par le jeu des collisions et grandir pour former anneaux, comètes, astéroïdes, satellites et planètes (figure 3.1). Depuis plus d'une dizaine d'années, l'observation, en particulier grâce au télescope spatial Hubble (HST), de disques protoplanétaires autour d'étoiles voisines jeunes ou en formation, est venue accréditer le modèle de la nébuleuse protosolaire* (figure 3.2).

Il est possible d'évaluer l'âge du système solaire grâce à la mesure de la quantité d'atomes radioactifs à très longue durée de vie dans les roches terrestres, les échantillons lunaires et les météorites. On a ainsi montré que l'âge du système solaire, comme celui du Soleil lui-même,

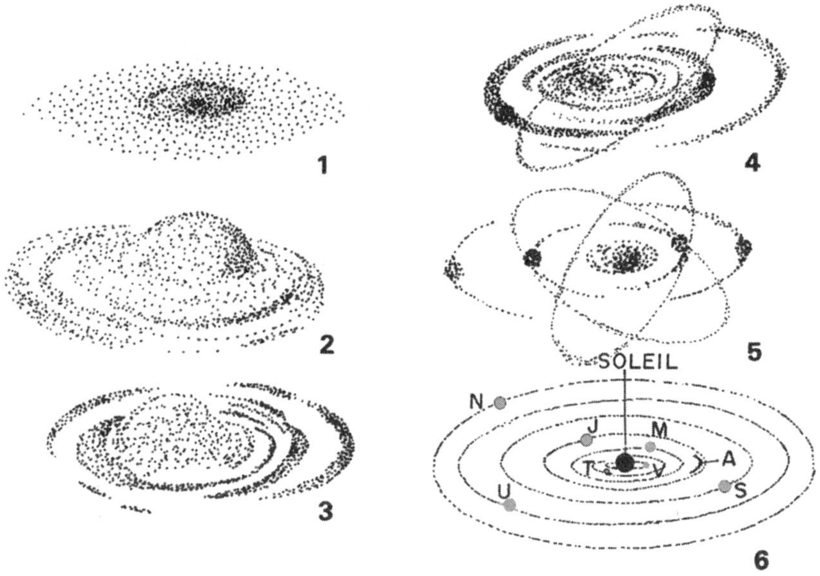

Figure 3.1
Schéma de la formation du système solaire. Le nuage protosolaire (1) se contracte et sa rotation s'accélère (2), entraînant son effondrement en un disque (3). Au sein de ce disque, de nouvelles instabilités locales entraînent la formation de petites particules (les planétésimaux, ou planétoïdes) (4) qui, en entrant en collision les uns avec les autres, vont s'agglomérer pour former des corps de plus en plus gros (5). Les gros planétoïdes, par leur champ de gravité, capturent à leur tour les petits corps solides environnants. Ils acquièrent une forme sphérique lorsqu'ils atteignent un diamètre de l'ordre de la centaine de kilomètres. Par le jeu de collisions multiples, les orbites deviennent peu à peu circulaires (6).

était de 4,55 milliards d'années, avec une incertitude d'environ 100 millions d'années. Par comparaison avec d'autres étoiles dont nous connaissons l'évolution, nous pouvons estimer la durée de vie du Soleil à 10 milliards d'années environ. Le système solaire est donc parvenu à la moitié de son existence.

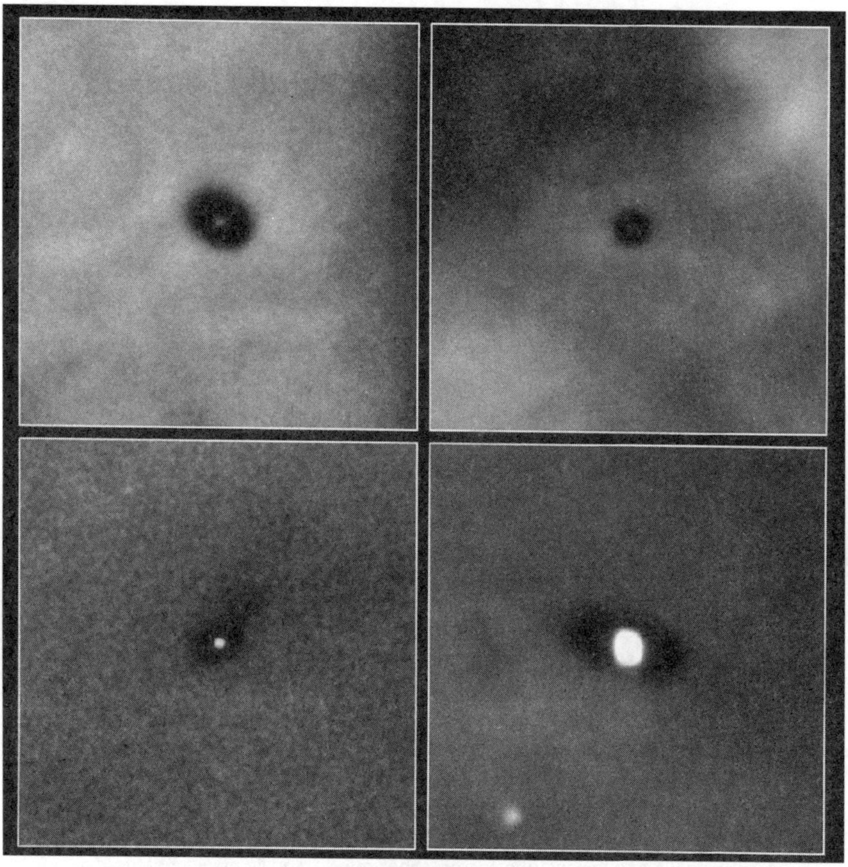

Figure 3.2
Images de disques protoplanétaires autour d'étoiles jeunes de la région d'Orion, prises par le télescope spatial Hubble. Les disques de poussières sont vus en contre-jour devant le fond lumineux de la nébuleuse. Les quatre étoiles ont des masses allant de 0,3 à 1,5 fois celle du Soleil ; les disques s'étendent de 100 à 400 UA. (© NASA-ESA)

3.1 La séquence de condensation

La théorie de la nébuleuse primitive permet d'expliquer simplement, au moins qualitativement, les caractéristiques essentielles des deux grandes classes de planètes, telluriques et géantes.

Nous avons vu que la nébuleuse primitive, aux premiers âges du système solaire, était constituée des éléments chimiques dans leur abondance cosmique, c'est-à-dire dans les proportions où on les trouve dans l'Univers. Ces abondances sont connues grâce aux mesures effectuées dans les étoiles ou dans le milieu interstellaire : l'hydrogène est prépondérant, l'hélium contribue pour environ 10 % du volume, les éléments carbone (C), azote (N) et oxygène (O) sont présents à l'état de traces, et enfin on trouve des éléments plus lourds en moindres quantités encore. C'est la nucléosynthèse*, au sein des étoiles, qui est responsable de cette distribution d'abondances. C'est ce processus en effet qui réalise, depuis l'origine de l'Univers, la synthèse des éléments lourds à partir de l'hydrogène et de l'hélium. Peu après la naissance du Soleil, et suite à une phase d'intense activité, la nébuleuse solaire s'est refroidie et les éléments qui la composaient alors se sont associés en molécules : le dihydrogène, le méthane, l'ammoniac, l'eau, le gaz carbonique, le monoxyde de carbone, l'azote....

Ces molécules se présentent sous forme gazeuse à proximité du Soleil, mais peuvent se transformer en glace à mesure que l'on s'en éloigne et que la température décroît. Dans l'environnement des planètes géantes, la température est inférieure à 250 K (-23 °C), ce qui permet la condensation de molécules telles que l'eau, l'ammoniac, le gaz carbonique, et, au niveau des planètes les plus lointaines, le méthane et l'azote. Cette matière condensée, formée d'éléments légers à forte teneur en hydrogène, va contribuer à constituer des planètes à la fois peu denses et très volumineuses.

À proximité du Soleil, au contraire, la température est trop élevée pour que toutes les molécules condensent systématiquement. Dans le cas de Vénus, la Terre et Mars, la condensation de l'eau et du gaz carbonique peut ou non intervenir, selon les conditions particulières de température et de pression à la surface de ces planètes. Seuls les silicates et les métaux sont présents dans tous les cas sous forme solide ; ce sont eux qui constituent les noyaux des planètes, petits et relativement denses.

À partir de cette première étape de formation, le processus de déséquilibre entre les deux types de protoplanètes* s'accélère. Les modèles de formation planétaire prédisent qu'à partir d'une certaine masse (environ dix à quinze fois celle de la Terre), les noyaux des planètes peuvent accréter* la matière qui les entoure par attraction gravitationnelle. C'est ainsi que les planètes géantes, dont les noyaux étaient considérablement alourdis par la masse des molécules piégées sous forme de glace, ont été en mesure d'attirer sous l'effet de la gravitation le gaz de la nébuleuse qui les environnait, constitué essentiellement d'hydrogène et d'hélium. C'est probablement comme cela qu'ont dû se constituer les atmosphères de ces planètes. Quant aux planètes telluriques, elles n'ont pas pu générer ce mécanisme d'accrétion. À l'exception de Mercure, elles sont pourtant également dotées d'une atmosphère, comme en témoigne notre présence sur Terre, mais l'origine de cette atmosphère est d'une autre nature. Celle-ci est, très vraisemblablement le produit d'un dégazage* de ces planètes au cours de leur histoire. Les innombrables collisions avec des astéroïdes et/ou des comètes, dans les premières phases de leur évolution, ont aussi été à l'origine d'un apport important d'éléments gazeux.

3.2 Atmosphères primaires et atmosphères secondaires

L'aptitude d'une planète à conserver par gravité l'enveloppe gazeuse qui l'entoure est d'autant plus grande que les molécules contenues dans cette atmosphère sont plus lourdes, que la planète est plus froide (la vitesse d'agitation thermique des molécules étant alors plus faible), et qu'elle est plus massive. Les planètes géantes, à partir de leur gros noyau de glace, ont ainsi pu garder tous les gaz de la nébuleuse primitive environnante qu'elles avaient accrétés, y compris les éléments les plus abondants et les plus légers, l'hydrogène et l'hélium.

Les quatre planètes géantes forment, en fonction de leur masse, deux catégories bien distinctes. Jupiter et Saturne, avec des masses respectives de trois cent dix-huit et quatre-vingt-quinze fois celle de la Terre, sont constituées essentiellement de gaz protosolaire. Elles sont appelées géantes gazeuses et leurs atmosphères, dite primaires, constituent aujourd'hui de précieux témoins des conditions qui régnaient dans la nébuleuse primitive à l'aube de notre histoire.

Uranus et Neptune, en revanche, ont des masses respectives de quinze et dix-sept fois celle de notre planète. La majeure partie de leur masse provient du noyau de glace initial, et c'est pour cette raison qu'on les appelle les géantes glacées. Pourquoi n'ont-elles capturé qu'une faible quantité de gaz protoplanétaire ? Formées à de plus grandes distances héliocentriques, elles ont sans doute mis plus de temps que Jupiter et Saturne à constituer leur noyau. Entre temps, le gaz protoplanétaire a pu être soufflé vers l'extérieur lors d'une phase d'intense activité du jeune Soleil, ne subsistant alors qu'en faible quantité dans l'environnement d'Uranus et de Neptune.

Dans le cas des planètes telluriques, la masse était insuffisante et la température trop élevée pour que les éléments gazeux les plus légers puissent être conservés. Il en a résulté une atmosphère à la densité plus élevée, constituée essentiellement de gaz carbonique, d'azote et d'eau, et fortement évolutive. Ces atmosphères, formées par dégazage et impacts météoritiques, puis transformées par échappement gravitationnel, sont dites secondaires. On ne peut qu'être frappé par l'extrême disparité entre les atmosphères des trois planètes voisines, Vénus, la Terre et Mars. Il semble que les différences de température sur ces trois planètes soient à l'origine de ces disparités ; nous y reviendrons (figure 3.3).

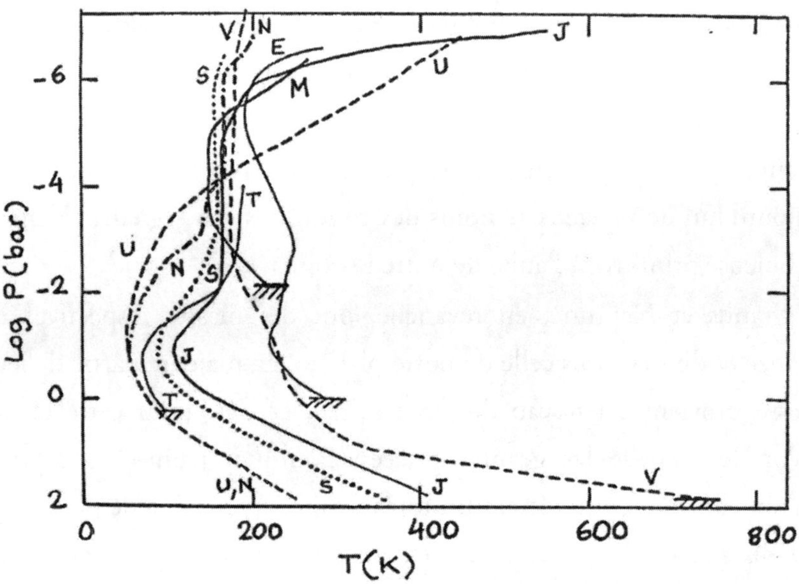

Figure 3.3

Les profils thermiques des atmosphères planétaires. Dans le cas des planètes telluriques, le niveau hachuré correspond à celui de la surface. Dans le cas des planètes géantes, il n'y a pas de surface solide à proprement parler, mais diverses couches nuageuses, et le profil thermique continue à augmenter avec la pression. Toutes les atmosphères se caractérisent par une troposphère, où la température décroît d'abord à mesure que l'altitude augmente. Dans le cas de la Terre et des planètes géantes, cette troposphère est surmontée d'une stratosphère où la température s'inverse pour réaugmenter avec l'altitude. V : Vénus ; E : Terre (Earth) ; M : Mars ; J : Jupiter ; S : Saturne ; T : Titan ; U : Uranus ; N : Neptune.

3.3 Objets primitifs et objets évolués

Comme dans le cas des deux classes de planètes, telluriques et géantes, une distinction basée sur des différences de température peut être établie entre les deux grandes classes de « petits corps » du système solaire : les comètes et les astéroïdes. Nous avons vu que les comètes passaient la plus grande partie de leur existence à de grandes distances du Soleil. Du fait de leur petite taille et de la basse température de leur environnement, elles n'ont pratiquement pas subi de modification physico-chimique au cours de leur histoire. À ce titre, tout comme les planètes géantes, elles sont pour les astronomes de précieux témoins des conditions physico-chimiques de la nébuleuse primitive, ainsi que des mécanismes d'accrétion qui sont intervenus lors des premières phases de formation des corps solides du système solaire. Il faut noter toutefois que certaines comètes évoluent. Il s'agit de celles qui, rapprochées du Soleil par le jeu des perturbations planétaires, ont effectué des milliers de passages à proximité de celui-ci. À chaque passage au périhélie, elles ont évaporé une partie de leur glace. Certaines d'entre elles ont ainsi perdu la quasi-totalité de leurs éléments volatils ; leur composition semble alors très proche de certains types d'astéroïdes. La frontière entre comètes et astéroïdes n'est donc pas bien claire, certains astéroïdes pouvant représenter l'étape ultime de l'évolution cométaire.

Dans leur majorité, les astéroïdes – de même que les satellites – sont des objets évolués, et non pas primitifs. Du fait de leur taille, ils possèdent une énergie interne liée à la lente désintégration de leurs éléments radioactifs, ce qui se traduit par une différenciation de leur structure interne entre le centre et l'enveloppe extérieure. De plus, nombre d'entre eux ont subi des collisions, notamment lors de la jeunesse très active du Soleil. Certains portent des traces d'impacts, d'autres sont les fragments résultant de collisions, comme en témoigne leur forme irrégulière. L'examen de leur surface, criblée de cratères* comme celle de la Lune, est riche d'information quant à leur histoire (figure 3.4).

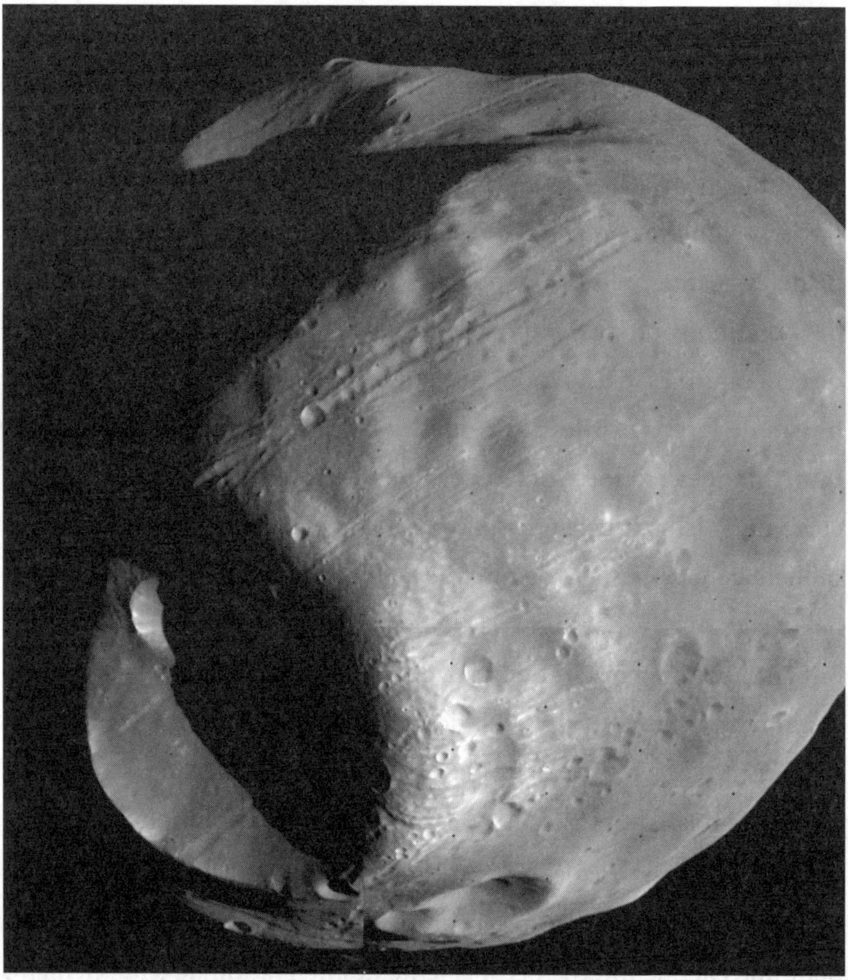

Figure 3.4
La surface de Phobos, satellite de Mars, photographiée par la sonde Viking. Phobos est vraisemblablement un astéroïde capturé. Comme celle de la Lune et de Mercure, sa surface constellée de cratères garde la trace de l'intense bombardement météoritique qui est intervenu au cours du premier milliard d'années de l'histoire du système solaire. (© NASA)

L'analyse en laboratoire des échantillons de matière extraterrestre constitue une autre clef précieuse nous permettant de remonter aux origines. La matière extraterrestre qui nous tombe, littéralement, du ciel (météorites et micrométéorites) est, selon une hypothèse largement admise, d'origine astéroïdale dans le cas des météorites, et cométaire dans le cas des micrométéorites. Une autre source de matière extraterrestre provient des échantillons lunaires, et dans quelques années nous disposerons aussi d'échantillons de grains cométaires relevés *in situ.* L'analyse des rapports d'abondance des éléments, et notamment des isotopes* radioactifs, permet des datations* très fines. On a ainsi pu déterminer très précisément l'âge du système solaire, mais aussi, dans certains cas, préciser les conditions de formation de ces échantillons.

Indépendamment de la composition chimique des petits corps, nous pouvons apprendre beaucoup sur les premiers âges du système solaire à partir de l'analyse de leur trajectoire et de leur évolution au cours du temps. Les progrès récents réalisés dans le domaine de la simulation numérique, mettant en œuvre des calculateurs de plus en plus puissants, permettent aujourd'hui de simuler l'évolution dynamique d'un très grand nombre de particules sur de longues échelles de temps. La modélisation dynamique du système solaire permet ainsi de simuler l'histoire des grandes familles d'astéroïdes et de la ceinture de Kuiper, mais aussi de proposer des scénarios collisionnels permettant de rendre compte de la formation et de l'évolution des planètes telluriques et géantes.

3.4 Quel avenir pour le système solaire ?

Nous le savons, le Soleil mourra. L'analyse du rayonnement solaire en fonction de sa longueur d'onde nous a appris, par comparaison avec celui des autres étoiles, que le Soleil n'est qu'une étoile très ordinaire de notre Galaxie, parvenue environ à la moitié de sa vie. L'astrophysique stellaire nous a permis, à partir de l'étude de multitudes d'objets à différents stades de leur évolution, de retracer le cycle de la vie et de la mort des étoiles. Par comparaison avec l'étude d'autres étoiles qui lui sont semblables, on peut donc prévoir que le Soleil évoluera vers une géante rouge*. Son diamètre augmentera, ainsi que la température de son environnement immédiat – ce qui se traduira, en particulier, par la disparition de toute vie sur Terre – jusqu'à l'explosion finale du Soleil et la volatilisation des planètes environnantes, dans quelque quatre ou cinq milliards d'années. Les atomes et molécules ainsi réinjectés dans le milieu interstellaire seront alors réutilisés comme matériau de futures étoiles naissantes, pour une étape nouvelle du cycle cosmique.

Chapitre 4
Les planètes telluriques

Les planètes telluriques, également nommées planètes intérieures – par référence à leur proximité au Soleil – se caractérisent essentiellement, comme nous l'avons vu, par leur forte densité. Même dans le cas de Vénus, leur atmosphère ne représente qu'une infime fraction de leur masse totale. Ces atmosphères, telle que nous les observons aujourd'hui, ont considérablement évolué au cours de leur histoire.

Ces planètes ont en effet vécu des épisodes d'activité qui ont profondément modifié leur structure interne, leur surface et leur atmosphère. L'activité a cependant fortement varié d'un objet à l'autre, ce qui se traduit en particulier par des constitutions différentes et des champs magnétiques d'intensité variable. Proches du Soleil et de petite taille, Mercure et la Lune, dénuées d'atmosphère, ont largement subi les impacts météoritiques. Vénus, Mars et la Terre ont elles été le siège d'une activité volcanique intense. En revanche, les atmosphères des planètes telluriques présentent une composition chimique commune : elles sont surtout composées de gaz carbonique et d'azote, avec une quantité très variable d'eau. Dans le cas de la Terre, l'eau est présente sous forme liquide dans les océans, et le gaz carbonique se trouve piégé dans les fonds océaniques sous forme de carbonates. Concernant

Vénus, il semble que la quasi-totalité de l'eau se soit échappée au cours de son histoire. Enfin, dans le cas de Mars, et comme l'ont confirmé les missions spatiales récentes, l'eau se trouve piégée sous la surface dans les régions polaires, et ailleurs sous forme d'un mélange de glace et de roches appelé pergélisol*.

4.1 Mercure

Mercure est la planète la plus proche du Soleil, et c'est aussi la plus petite. Ces deux facteurs expliquent qu'elle soit dénuée d'atmosphère. En effet, la capacité d'un objet à conserver une atmosphère est d'autant plus grande que la planète est massive, et que la température est basse : Mercure est donc la planète pour laquelle l'échappement des gaz est le plus facile.

Proche du Soleil et noyée dans sa lumière, Mercure est difficile à observer depuis la Terre. C'est une planète à rotation lente : la journée mercurienne est égale à 176 jours terrestres. L'absence d'atmosphère conduit à des conditions thermiques extrêmes à la surface de la planète, la température variant de 700 K (427 °C) environ lorsque le Soleil est au zénith à 90 K (–183 °C) la nuit.

La planète Mercure a été explorée par la sonde Mariner 10 qui a effectué trois survols, en 1974 et en 1975. La caméra de Mariner 10 a enregistré une cartographie d'environ 45 % de la surface, avec une précision de l'ordre de 20 km. Les images de Mercure ont montré une surface criblée de cratères, présentant une ressemblance frappante avec la Lune. Le magnétomètre de la sonde a mis en évidence un faible champ magnétique dipolaire, environ cinq cents fois plus faible que le champ magnétique terrestre mais tout de même cinq fois plus intense que le champ magnétique interplanétaire lié au vent solaire en ce point de l'espace. La présence sur une planète d'un champ magnétique dipolaire est généralement l'indicateur d'un milieu interne fluide dans lequel le champ se trouve généré par effet dynamo. Ce champ est d'autant plus intense que la planète est en rotation rapide, ce qui est le cas de la Terre ou des planètes géantes. L'origine du champ magnétique de Mercure, dont la rotation est très lente, reste donc mystérieuse.

Il est possible de dater la surface d'une planète ou d'un satellite à partir du nombre et de la structure des cratères. La surface de Mercure témoigne d'un intense bombardement météoritique, dans les premières centaines de millions d'années de son existence, bombardement qui a fortement décru par la suite. Cette phase est liée à l'activité solaire extrêmement intense des premières étapes de l'histoire du système solaire. C'est à cette époque que s'est formé le plus grand bassin mercurien, nommé Caloris, dont le diamètre mesure près du tiers de celui de la planète. L'activité interne de Mercure ayant, semble-t-il, cessé peu après la formation des grands impacts, la planète se présente donc aujourd'hui comme morte, dénuée d'atmosphère, et dépourvue de toute activité géologique depuis plusieurs milliards d'années.

Par sa proximité au Soleil, son absence d'atmosphère, sa forte densité et son champ magnétique, Mercure est un objet unique dans le cortège des planètes. Directement soumise au vent solaire et à ses fluctuations, la planète présente un exemple unique d'interaction entre la magnétosphère et la surface. Longtemps laissée à l'écart de l'exploration spatiale planétaire, qui présente un vrai défi technologique si près du Soleil, Mercure sera de nouveau la cible des planétologues au cours de la décennie qui s'ouvre. La mission américaine Messenger, prévue à l'horizon 2006-2009, a pour objectif une première mise en orbite autour de Mercure, tandis qu'à plus long terme, la mission européenne Bepi-Colombo devrait, au début des années 2010, mettre deux autres satellites en orbite autour de la planète.

4.2 Vénus

Après la Lune, Vénus est pour l'observateur terrestre l'objet le plus brillant du ciel nocturne, d'où l'appellation d'« étoile du berger » ou d'« étoile du matin » que lui avaient donné les anciens. Son éclat provient d'une épaisse couche nuageuse qui réfléchit la lumière solaire mais qui, en même temps, cache sa surface à l'observateur extérieur. Il a fallu l'arrivée des sondes spatiales Venera 13 et 14, en 1982, pour que les premières images du sol de Vénus nous parviennent. Fait unique dans le système solaire, Vénus est dotée d'une rotation rétrograde. Elle est, comme Mercure, une planète à rotation lente.

La surface de Vénus a été mesurée par radar, d'abord depuis la Terre, depuis la sonde Pioneer Venus ensuite, et enfin, plus récemment, grâce à la sonde Magellan, qui a effectué en 1991 une cartographie complète du sol, mettant en évidence les traces d'une activité volcanique passée (figure 4.1). La majorité de la surface est composée de plaines, d'où se détachent quelques reliefs élevés comme les plateaux Isthar Terra, avec le Mont Maxwell qui culmine à 12 km d'altitude, et Aphrodite Terra, qui s'étend sur plus de 10 000 km. Une troisième région, Beta Regio, culmine à 4 km. Ces reliefs semblent le fait du volcanisme (figure 4.2). La composition des sols analysés par les sondes est de nature basaltique ou granitique. La surface de Vénus présente peu de cratères d'impacts, ce qui est le signe d'un resurfaçage général récent, datant de moins d'un milliard d'années. La surface de Vénus ne nous donne donc accès qu'au dernier cinquième de l'histoire de la planète.

L'atmosphère de Vénus est très massive avec une pression au sol de 93 bars, soit près de cent fois la pression terrestre. La température au sol est également très élevée : 730 K, soit 457 °C ! Il est difficile de maintenir longtemps en vie une sonde spatiale dans un tel environne-

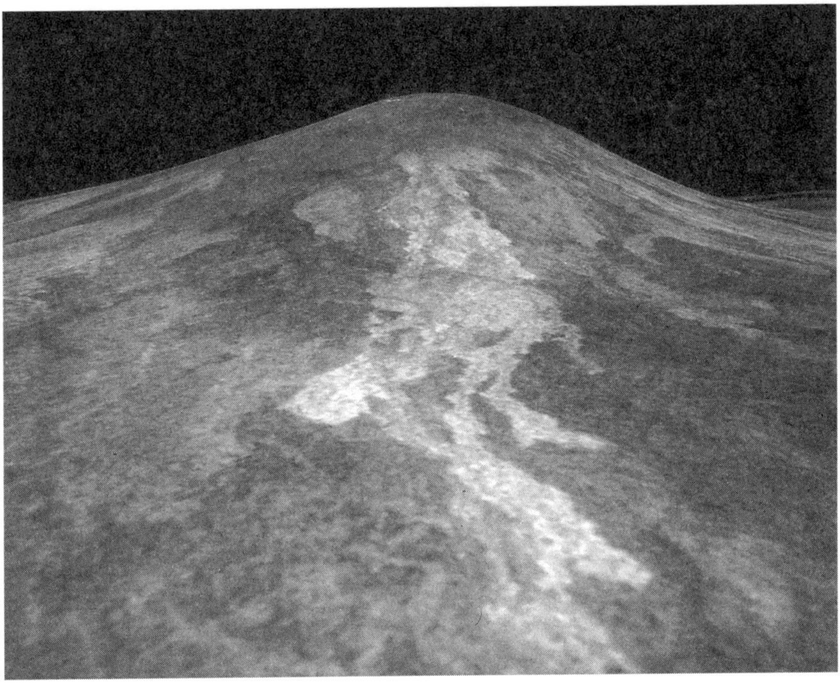

Figure 4.1
Image de la surface de Vénus, reconstituée à partir des mesures radar de la sonde Magellan, en orbite autour de la planète au début des années 1990. Cette image représente le volcan Sif Mons. (© NASA)

ment. L'atmosphère de Vénus est essentiellement composée de gaz carbonique (96,5 %), avec une faible composante d'azote (3,5 %). D'autres gaz (eau, monoxyde de carbone, dioxyde de soufre, gaz rares...) sont aussi présents à l'état de traces. L'atmosphère de Vénus est caractérisée par un ensemble de couches nuageuses épaisses, localisées entre 40 et 65 km d'altitude, opaques au rayonnement visible. Dans leur couche supérieure, les nuages sont vraisemblablement composés de gouttelettes d'acide sulfurique H_2SO_4 en solution aqueuse. Leur mécanisme de formation est sans doute similaire à celui qui conduit à la pollution acide terrestre, par réaction du dioxyde de

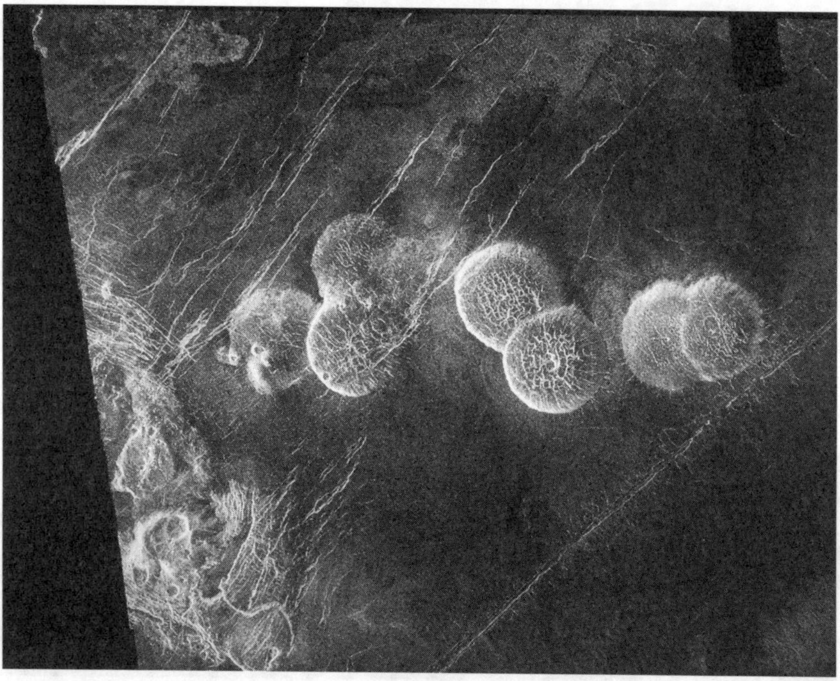

Figure 4.2

Les dômes volcaniques de Vénus, en forme de « galettes », photographiés par la sonde Magellan. Ces volcans circulaires, de taille intermédiaire (20 à 100 km de diamètre) se caractérisent par des pentes abruptes et un sommet aplati. Le volcanisme de Vénus est récent au regard de celui des autres planètes telluriques, et a remodelé la surface de la planète au cours du dernier milliard d'années. (© NASA)

soufre SO_2 sur la vapeur d'eau H_2O, réaction stimulée par le rayonnement solaire. Ces gouttelettes provoquent une pluie fine et s'évaporent à basse altitude ; H_2SO_4 est alors redissocié en eau et en dioxyde de soufre.

Pourquoi y a-t-il si peu d'eau sur Vénus, alors que celle-ci est présente en abondance dans les océans terrestres ? C'est que l'eau a probablement été photodissociée* par le rayonnement ultraviolet solaire, l'hydrogène étant alors libéré par échappement gravitationnel. On peut tenter de retracer l'histoire de l'eau sur Vénus au moyen de la comparaison entre son abondance actuelle et celle de son isotope, l'eau lourde, HDO. Dans la molécule HDO, l'un des deux atomes d'hydrogène est remplacé par un atome de deutérium, plus lourd. Si l'eau s'est échappée de manière continue au cours de l'histoire de Vénus, les molécules de HDO, plus lourdes, se sont échappées plus lentement, et la quantité relative de HDO par rapport à H_2O a augmenté au cours du temps, conduisant à un enrichissement progressif en deutérium par rapport à l'hydrogène. Or les mesures spectroscopiques réalisées dans l'infrarouge depuis la Terre ont montré que l'abondance actuelle de HDO, comparée à celle de H_2O, est considérable : elle correspond à un enrichissement en deutérium plus de cent fois supérieur à sa valeur sur Terre, ce qui serait donc l'indice d'un important dégazage de vapeur d'eau depuis le début de l'histoire de la planète.

Autre énigme : pourquoi la température de surface de Vénus est-elle si élevée ? L'explication est liée à l'effet de serre*, extrêmement fort sur Vénus, et dont on commence à réaliser les effets dans le cas de l'atmosphère terrestre. Le mécanisme en est le suivant : une partie du flux solaire atteint la surface et chauffe le sol. Celui-ci restitue une partie de cette chaleur sous forme de rayonnement infrarouge, mais ce rayonnement est absorbé par les gaz atmosphériques (en particulier le gaz carbonique et l'eau) dont le spectre infrarouge est particulièrement riche ; il ne peut s'échapper de l'atmosphère et contribue donc à son réchauffement.

En conclusion, la planète Vénus nous apparaît comme un monde très hostile, aux conditions extrêmes, dont l'exploration spatiale *in situ* en surface est fort difficile. Après les succès des sondes Pioneer Venus et Venera dans les années 1970-1980, deux missions spatiales ont apporté de nouvelles informations : la sonde Galileo, lancée en direction de Jupiter, qui a d'abord survolé Vénus en février 1990, et la sonde

Magellan, en orbite autour de Vénus, qui en a cartographié le sol par radar au début des années 1990. Les missions futures porteront sans doute leurs efforts vers l'analyse de la dynamique de la planète, encore mal comprise actuellement. Ce sera en particulier le cas de la mission Venus Express, en préparation à l'Agence spatiale européenne (ESA), dont le lancement est prévu en 2005, et qui opérera en orbite autour de Vénus pour une durée de deux ans.

4.3 La Terre

L'étude de la Terre intéresse un très grand nombre de scientifiques : spécialistes de la physique du solide, de la physique nucléaire, de la physique des plasmas, de l'hydrodynamique, de la chimie, de la biologie, de la météorologie… Elle intéresse aussi les planétologues qui voient dans la Terre une sœur de Mars et Vénus. Les trois planètes se sont probablement formées à la même époque, mais leurs atmosphères ont ensuite évolué de manières radicalement différentes.

La Terre est la troisième planète du système solaire, par ordre de distance héliocentrique croissante. C'est aussi la plus grosse et la plus massive des planètes telluriques. C'est le plan de son orbite qui est pris comme référence pour le plan de l'écliptique, dont toutes les orbites planétaires sont proches, à l'exception de celle de Pluton. Le mouvement de la Terre est gyroscopique : l'axe de rotation n'est pas fixe, mais décrit un cône autour de la perpendiculaire à l'écliptique ; le demi-angle de ce cône est égal à l'obliquité, soit 23°27'. La période de rotation de ce mouvement, de l'ordre de 26 000 ans, a des répercussions sur les variations climatiques à long terme de la planète : c'est la précession des équinoxes*.

La densité élevée de la Terre (5,5 g/cm^3) suggère une différenciation des matériaux à l'intérieur du globe, les éléments les plus denses étant plus proches du centre ; en effet la densité des silicates, majoritairement présents en surface, est plutôt de l'ordre de 3 g/cm^3. D'autres informations ont été obtenues par sismographie*, à l'occasion de tremblements de terre : des ondes souterraines se propagent alors, et leur vitesse de propagation dépend de la densité et des propriétés élastiques des milieux traversés. À partir de multiples observations, un modèle de structure interne terrestre a peu à peu pris forme : au centre, un noyau métallique en fusion, de 3 400 km de rayon, puis un manteau, formé de silicates, d'une épaisseur de 2 900 km, le tout surmonté d'une fine croûte, de 10 à 40 km d'épaisseur. La croûte et la partie supérieure du manteau portent le nom de lithosphère*.

C'est Alfred Wegener qui, au début du XXe siècle, a formulé le premier l'hypothèse de la dérive des continents, dont rend compte la tectonique des plaques, manifestation de l'activité de la lithosphère terrestre. Il y a fabrication permanente de « plancher », à partir des matériaux du manteau supérieur, émergeant au niveau de certaines lignes bien définies appelées dorsales (c'est le cas des dorsales océaniques) ; parallèlement une autre partie du plancher retourne au manteau le long des zones dites de subduction, qui constituent des fosses océaniques. La lithosphère est ainsi divisée en une dizaine de plaques évoluant entre dorsales et fosses océaniques. La formation des chaînes de montagne, l'activité sismique et le volcanisme en sont autant de manifestations. Quelle est la nature de l'énergie responsable de la tectonique des plaques ? La source la plus vraisemblable est la désintégration des éléments radioactifs à longue période contenus dans le manteau, c'est-à-dire l'uranium, le thorium et le potassium. Autre effet de la présence d'un noyau métallique liquide au centre de la planète : la Terre est dotée d'un champ magnétique propre, probablement induit, au moins en partie, par les mouvements de ce fluide liés à la rotation terrestre, à la manière d'un dipôle.

Comme celle des autres planètes telluriques, Mars et Vénus, l'atmosphère de la Terre contient de l'azote, du gaz carbonique et de l'eau (figure C.6). Elle se singularise toutefois par deux caractéristiques importantes. Tout d'abord, c'est l'azote, et non le gaz carbonique, qui en est le constituant essentiel car la quasi-totalité du gaz carbonique terrestre est piégée dans les roches sous forme de carbonate de calcium $CaCO_3$. L'eau, quant à elle, se trouve sous forme liquide dans les océans. Mais surtout, différence fondamentale, l'atmosphère terrestre contient une grande quantité d'oxygène moléculaire. C'est la présence de la vie sur la Terre qui en est responsable, par le biais de la photosynthèse des organismes vivants. C'est ainsi que la recherche d'oxygène moléculaire dans une planète extérieure pourrait être considérée comme un indice significatif dans la recherche de la vie extraterrestre.

Le système Terre-Lune

Compte tenu de la taille respective de la Lune et de la Terre, on peut considérer le système Terre-Lune comme un système double (figures 4.3 et C.7). La Lune a un mouvement synchrone autour de la Terre, et nous présente donc toujours le même côté. Entre les côtés jour et nuit, la température de surface peut varier d'environ 100 K (– 173 °C) à 400 K (127 °C).

La surface de la Lune est criblée d'impacts météoritiques, ce qui traduit l'absence de toute activité géologique au cours des derniers milliards d'années. Deux types de régions sont visibles au télescope : les « mers », sombres, et les « continents », plus clairs, plus riches en cratères et donc plus anciens. Le terme de mer n'implique nullement la présence d'eau liquide, définitivement absente de la surface lunaire ; il n'est toutefois pas exclu que de l'eau soit piégée en petite quantité sous forme de glace dans certaines régions polaires constamment à l'ombre.

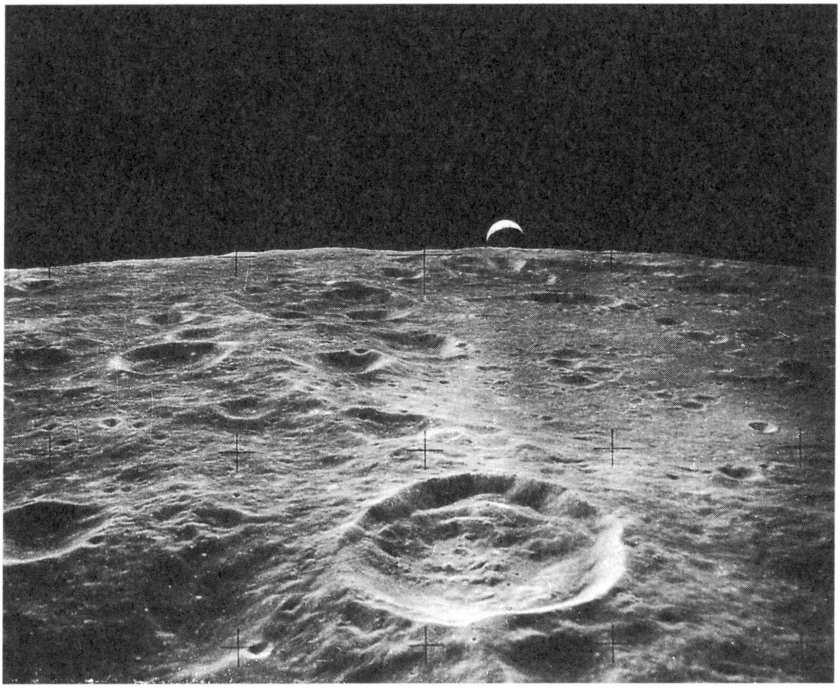

Figure 4.3
Lever de Terre depuis la Lune, photographié par les astronautes des missions Apollo. (© NASA)

La Lune a été la cible des premières missions spatiales à s'échapper de l'attraction terrestre. Les missions soviétiques ont fourni les premières images de la face cachée de la Lune (Luna 3, en 1959), puis des échantillons du sol lunaire prélevés automatiquement et ramenés sur Terre. Parallèlement, la NASA a développé un ambitieux programme d'étude lunaire avec les vols habités Apollo. Cette campagne d'observation a permis la mesure précise des dimensions de la Lune et de sa masse volumique, ainsi que l'étude de la minéralogie du sol.

La surface de la Lune est couverte d'une fine poussière, le régolite, provenant du broyage des roches de surface par le bombardement météoritique, et de l'exposition des grains au vent solaire et au rayonnement cosmique. L'empilement successif des couches de débris permet de retracer l'évolution du milieu interplanétaire et celle du flux de particules énergétiques.

L'origine de la Lune a longtemps posé une énigme aux astronomes. Plusieurs théories ont été proposées : fission d'une partie du manteau terrestre, capture par la Terre d'une Lune provenant d'ailleurs, formation directe à partir de planétoïdes* en orbite autour de la Terre… Cependant, aucune ne pouvait expliquer la densité de la Lune (3,3 g/cm^3), sensiblement plus faible que celle la Terre. Le développement de modèles dynamiques complexes, rendu possible par les progrès de la simulation numérique, a permis d'apporter une réponse à cette question. La théorie couramment acceptée aujourd'hui invoque une collision latérale de la jeune Terre avec une protoplanète de la taille de Mars, au cours du premier milliard d'années de la vie du système solaire. Suite à cet impact, les matériaux extérieurs des deux corps, moins denses que les noyaux centraux, ont été éjectés en orbite terrestre pour se réaccréter ensuite et former la Lune.

4.4 Mars

Avec ses dimensions, son atmosphère riche en gaz carbonique, ses effets saisonniers importants, ses volcans et ses calottes polaires, la planète Mars présente un certain nombre d'analogies avec la Terre. C'est aussi le seul objet du système solaire, en dehors de la Lune, vers lequel on puisse envisager, dans la mesure des technologies actuellement connues, une mission spatiale habitée. Ceci explique l'intérêt accru pour cette planète, devenue la cible privilégiée de l'exploration spatiale planétaire des décennies à venir.

Avant les missions spatiales, Mars était déjà un objet de fascination pour les astronomes qui l'observaient depuis le sol. C'est ainsi que certains reliefs furent interprétés à tort comme des manifestations de vie, les fameux « canaux » de Schiaparelli (figure 4.4). Ces théories furent démenties par les images obtenues en 1971 par la sonde Mariner 9, qui réalisa une carte altimétrique et géologique de la planète, révélant en particulier la présence d'immenses volcans, dont le plus élevé, Olympus Mons, culmine à près de 25 km d'altitude (figure C.8).

Les années 1976-1977 ont vu, avec le programme Viking, une étape spectaculaire de l'exploration de Mars. Deux sondes furent déposées sur la surface de la planète pour mesurer la composition du sol et rechercher les signes d'une activité biologique, cependant que deux vaisseaux spatiaux en orbite effectuaient des mesures atmosphériques, le tout pendant une durée de plusieurs années. Les résultats négatifs des mesures concernant la recherche de la vie sur Mars ont déçu l'attente du public : on a en effet pu constater que les rayons ultraviolets du

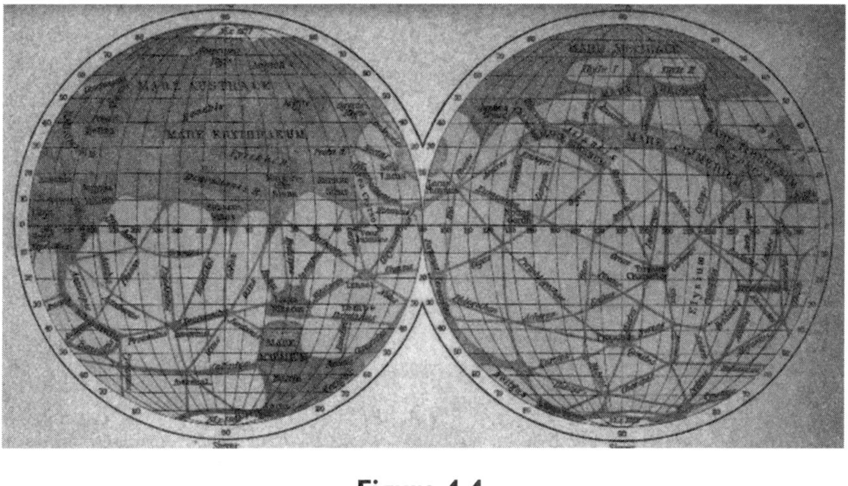

Figure 4.4

Carte de la surface de Mars dessinée par l'astronome italien Schiaparelli en 1879. Les structures apparemment rectilignes ont été interprétées à tort comme la marque d'une vie intelligente. En fait, il ne s'agissait que d'une illusion d'optique, liée à la qualité insuffisante des images.

Soleil qui pénètrent jusqu'à la surface de la planète y détruiraient irrémédiablement toute molécule organique complexe. Cependant, la mission Viking a été un formidable succès, tant scientifique que technologique, car elle a fourni une base de données unique, qui fait encore référence aujourd'hui, sur l'atmosphère et la surface de Mars. Après plusieurs échecs ou demi-succès (telle la mission Phobos, qui a fonctionné deux mois en 1989), de nouvelles missions orbitales ont apporté à leur tour leur moisson d'informations : les missions américaines Mars Global Surveyor et Mars Odyssey, mises en orbite respectivement en 1997 et en 2001, suivies de la mission européenne Mars Express, mise en orbite en décembre 2003 (figure 4.5). Parallèlement, la NASA a poursuivi l'exploration *in situ* avec les modules de surface Mars Pathfinder en 1997 et Spirit et Opportunity en 2004.

La forte inclinaison de l'axe des pôles de Mars sur l'écliptique induit des effets saisonniers importants. La température de la surface peut descendre à 150 K (– 123 °C) au pôle en hiver, et atteindre 300 K (27 °C) à l'équateur pendant l'été. Les calottes polaires recouvrent le sol de glaces d'eau et de gaz carbonique jusqu'à une latitude de 60° en hiver. Au printemps, elles se subliment partiellement (surtout le CO_2) et vont se recondenser sur le pôle opposé. Ces phénomènes de transport sont accompagnés de vents violents qui peuvent déclencher de véritables tempêtes de sable, recouvrant parfois l'ensemble de la planète.

L'atmosphère de Mars est extrêmement ténue, puisque la pression au sol n'est que de 7 millibars en moyenne, soit une valeur cent quarante fois plus faible qu'à la surface de la Terre. Comme dans le cas de Vénus, le gaz carbonique en est le constituant majoritaire (95,3 %), suivi de l'azote (2,7 %), tandis que de l'argon, de l'oxygène, de l'eau et du monoxyde de carbone sont présents à l'état de traces. Aux latitudes

Figure 4.5

La caméra à haute résolution angulaire de la mission européenne Mars Express a fourni des images de la surface de Mars d'une qualité inégalée (12 m par élément de résolution). On voit ici une partie de l'immense canyon Valles Marineris qui s'étend sur une longueur de 1 700 km et une largeur de 65 km. (© ESA) élevées, la température sous la surface est suffisamment basse pour que l'eau y reste piégée en permanence. Cette réserve d'eau souterraine, suspectée depuis les observations de Viking, puis mise en évidence par Mars Odyssey et Mars Express, pourrait alors expliquer la très faible quantité d'eau mesurée dans l'atmosphère martienne actuelle.

La recherche de l'eau, et surtout de traces d'eau liquide, sous le sol de Mars constitue l'un des enjeux de l'exploration spatiale future de Mars. La présence d'écoulements liquides passés, très fortement suggérée par plusieurs indices (traces d'écoulement fluviatiles, aspect de certains cratères à éjecta lobés, vestige possible d'un océan primitif dans l'hémisphère nord, mise en évidence de sulfates dans des bassins sédimentaires) est en effet un facteur favorable à l'éclosion de la vie. Celle-ci aurait-elle pu apparaître au début de l'histoire de la planète ? Si oui, pouvons-nous espérer trouver des traces de vie fossile ? Allons même plus loin : si la vie est apparue sur Mars dans les premiers âges, pourrait-elle être encore présente sous la surface, à l'abri du rayonnement ultraviolet solaire ?

Tels sont les grands défis que nous pose l'exploration de Mars. D'autres phénomènes, liés à la structure interne de la planète, à la stabilité de son atmosphère, à sa photochimie*, sa climatologie et ses variations saisonnières, restent actuellement sans réponse, et nécessiteront de nouveaux programmes d'observation à long terme, depuis la Terre et dans l'espace. Ceux-ci sont appelés à se poursuivre dans le futur, au sein d'une large coopération internationale incluant l'Europe, la NASA et les autres puissances spatiales.

4.5 Les destins divergents des planètes telluriques

Comment Vénus, la Terre et Mars, parties de conditions initiales relativement proches, ont-elles pu évoluer de manière aussi radicalement divergente ? Parmi les causes possibles de cette évolution, il y a la présence de l'eau. En effet, les différences de température induites par les écarts de leur distance au Soleil ont été telles que l'eau s'est trouvée préférentiellement sous forme gazeuse sur Vénus, liquide sur la Terre et solide sur Mars. Dans le cas de Vénus, l'effet conjugué des gaz H_2O et CO_2 a induit un effet de serre galopant, qui a conduit à l'échauffement extrême de sa surface et de sa basse atmosphère. Sur la Terre, en revanche, la température a permis à l'eau de se liquéfier pour former les océans, dans lesquels le gaz carbonique a pu se dissoudre massivement. Il n'est donc resté dans l'atmosphère terrestre qu'une quantité modérée de gaz à effet de serre, d'où une température de surface relativement constante tout au long de l'histoire de la Terre. Quant à la planète Mars, plus froide mais aussi beaucoup moins massive que ses deux sœurs, elle a dû avoir, dès le départ, une atmosphère beaucoup moins dense (le dégazage et la contribution météoritique étant tous deux plus faibles). Faute d'énergie interne suffisante, l'effet de serre s'est ralenti et la planète s'est refroidie. Après le premier milliard d'années, l'eau de la surface s'est trouvée piégée sous la surface, mais en revanche qu'est devenu le gaz carbonique ? Cette question reste une énigme…

Chapitre 5
Les planètes géantes et leurs systèmes

Nous avons vu que les planètes géantes – Jupiter, Saturne, Uranus et Neptune – se caractérisent par un grand diamètre, une faible densité, un grand nombre de satellites et un système d'anneaux. La composition chimique des planètes géantes s'explique qualitativement par la faible température de leur environnement : les molécules volatiles telles que l'eau, le gaz carbonique, l'ammoniac ou le méthane, condensées sous forme de glace, ont contribué à former, avec les métaux et les roches plus denses, un noyau solide. Ce noyau a atteint une taille suffisante (une douzaine de fois la masse terrestre) pour pouvoir ensuite accréter gravitationnellement la nébuleuse protosolaire, essentiellement composée d'hydrogène et d'hélium, qui l'environnait. La masse des planètes géantes s'est alors avérée suffisante, et leur température suffisamment basse, pour que même ces deux éléments – les plus légers dans l'Univers – ne puissent s'échapper de leur champ de gravitation, à l'échelle de la durée de vie du système solaire.

En fonction de leur masse, les planètes géantes se classent en deux sous-catégories :

– Jupiter et Saturne, d'une part, les géantes gazeuses, sont très massives et principalement constituées de gaz protoplanétaire. Elles ont dû se former rapidement (en moins de dix millions d'années), à une époque où le gaz protoplanétaire était encore abondant. Elles sont au moins partiellement représentatives des conditions physico-chimiques de la nébuleuse protosolaire ;

– Uranus et Neptune, d'autre part, les géantes glacées, beaucoup moins massives, sont essentiellement constituées de leur noyau de glace. Elles se sont formées plus lentement, après la phase d'échappement du gaz protoplanétaire. Les planétésimaux* qui les ont constituées se rapprochent sans doute des premiers embryons cométaires.

C'est pourquoi les unes et les autres nous apparaissent comme des témoins privilégiés des premiers stades de formation du système solaire. Un examen plus approfondi nous permet de mettre en évidence certains mécanismes de leur évolution, depuis leur origine jusqu'à nos jours.

L'atmosphère des planètes géantes, reflet de la nébuleuse solaire primitive, est donc essentiellement constituée d'hydrogène et d'hélium. Les autres constituants, eux aussi hydrogénés (méthane, ammoniac, eau…), sont présents avec des rapports de mélange inférieurs à 1 %. Sous l'effet du rayonnement ultraviolet solaire, le méthane est dissocié, pour former des hydrocarbures.

La pression au centre des planètes géantes est considérable : plus de 10 millions de bars pour Jupiter et Saturne, environ 6 millions de bars pour Uranus et Neptune. Quant à la température au centre, elle est de plus de 10 000 K dans le cas de Jupiter et Saturne, et de l'ordre de 3 000 K pour les deux autres planètes. Toutes possèdent vraisemblablement en leur centre un noyau de métaux, de roches et sans doute aussi de glaces, qui a dû être à la base de leur formation. Surmontant ce noyau, l'hydrogène serait sous forme métallique (dans le cas de Jupiter et Saturne), puis sous forme moléculaire, où il serait mélangé à l'hélium. La mesure de l'abondance d'hélium dans l'atmosphère des planètes géantes nous fournit indirectement des informations sur la composition de leur intérieur, ainsi que sur leur stade d'évolution.

5.1 Jupiter

Depuis des siècles, le spectacle de la planète Jupiter et des quatre satellites galiléens a fasciné les astronomes. Depuis les premières observations télescopiques, au début du XVIIe siècle, on connaît la structure en bandes et en zones de la planète, ainsi que la « grande tache rouge » qui s'étend, dans l'hémisphère sud, sur des milliers de kilomètres. C'est la rotation rapide de la planète qui est à l'origine de la stabilité de ces bandes et de ces zones ; ces dernières, plus claires, semblent correspondre à des régions de mouvements ascendants, où la couche nuageuse est plus élevée, tandis que les bandes, plus sombres, animées de mouvements descendants, sont plus transparentes et permettent de sonder des régions plus profondes et plus chaudes. Les structures nuageuses de Jupiter, observées en détail par les sondes Pioneer 10 et 11 en 1974-1975 (figure 5.1), puis par les sondes Voyager en 1979 (figures C.9 et C.10), posent encore bien des énigmes aux planétologues. Par exemple, quelle est l'origine de la couleur brun orangé des nuages de Jupiter ? On a évoqué des composants à base de phosphore et de soufre, mais nous ne disposons à présent d'aucune certitude.

En juillet 1994, un événement exceptionnel a attiré sur Jupiter les regards de toute la communauté astronomique : une comète en orbite très elliptique autour de la planète, baptisée Shoemaker-Levy 9 du nom de ses découvreurs, s'est disloquée lors de son passage antérieur au périastre et la vingtaine de fragments qui en ont résulté sont entrés en

Figure 5.1
Les premières images de Jupiter renvoyées par une sonde spatiale (Pioneer 10 en décembre 1973) ont montré une grande tache rouge très contrastée, très différente des images renvoyées plusieurs années plus tard par les sondes Voyager 1 et 2. Elles montrent la grande variabilité temporelle des structures nuageuses de Jupiter. (© NASA)

collision avec la planète lors du passage suivant. En l'espace d'une semaine, ces fragments, d'une centaine de mètres de diamètre, ont successivement plongé dans l'atmosphère de la planète pour y déclencher une énorme explosion. La matière a été éjectée jusqu'à une altitude de 3 000 km, pour retomber ensuite dans la stratosphère jovienne, produisant un très fort échauffement et la formation de nouvelles espèces chimiques (H_2O, CO, CS, OCS, HCN...). Les traces d'impact ont été visibles pendant plusieurs mois sur le disque de Jupiter, et plusieurs molécules étaient encore détectables plusieurs années après la collision. Grâce à cet événement exceptionnel (il ne se produit que tous les trois cents ans environ), les astronomes ont pu observer en temps réel et en vraie grandeur – et aussi sans danger ! – la réponse d'une atmosphère planétaire à un impact météoritique majeur. Ils ont étudié les phénomènes avec tous les outils disponibles : imagerie, spectroscopie à toutes longueurs d'onde au moyen des télescopes au sol, et observations spatiales avec, en particulier, le télescope spatial Hubble et la sonde Galileo, alors en route vers Jupiter.

Lancée en 1989, la sonde Galileo, après avoir observé à distance la collision entre Shoemaker-Levy 9 et Jupiter, s'est mise à partir de 1995 en orbite autour de la planète et de ses satellites pour une exploration de plusieurs années. En décembre 1995, un module de descente a pénétré dans l'atmosphère de Jupiter pour y réaliser des mesures *in situ* de ses paramètres physico-chimiques (pression, température, composition chimique, structure nuageuse). Prévue pour fonctionner jusqu'à 10 bars, la sonde a réalisé un exploit technologique en transmettant les mesures jusqu'à une pression de 22 bars ! Les résultats ont montré que la sonde avait pénétré dans une région de subsidence, pratiquement dénuée de nuages, ce qui serait l'indice de mouvements convectifs à petite échelle. Autre résultat très important : les mesures de la composition élémentaire de l'atmosphère ont confirmé le modèle de formation de la planète à partir d'un noyau de glace. En effet, cette hypothèse prédisait un enrichissement d'un facteur trois des éléments lourds vis-à-vis de l'hydrogène comparativement à la valeur cosmique ; or c'est exactement ce qu'a mesuré la sonde de descente pour le carbone, l'azote, le soufre et plusieurs gaz rares !

Le champ magnétique de Jupiter est particulièrement intense : sa valeur aux pôles est environ vingt fois plus grande que la valeur terrestre. Son axe est incliné de 11° par rapport à l'axe de rotation de la planète. Son origine est liée à un effet de dynamo prenant naissance dans la partie centrale, fluide et conductrice, de la planète. Conséquence remarquable, de fortes émissions radio ont été observées en provenance de la planète, notamment sous forme de sursauts dus à des instabilités magnétiques.

Les satellites galiléens

En dépit de leur proximité relative, les quatre satellites galiléens – les plus gros parmi la quarantaine de satellites joviens actuellement connus – sont très différents les uns des autres. Ces différences s'expliquent essentiellement par les écarts entre leurs distances moyennes à Jupiter.

Io, le satellite galiléen le plus proche de Jupiter, est le plus dense d'entre eux. Sa surface se caractérise par un volcanisme intense (figure C.11), encore actif de nos jours, dû aux violents effets de marée* induits par la proximité de Jupiter et des perturbations orbitales induites par le satellite Europe. Ce volcanisme, mis en évidence par les sondes Voyager, serait responsable de la perte des glaces et donc de la densité élevée du satellite. Il est aussi la cause d'une atmosphère très ténue de dioxyde de soufre SO_2 (de l'ordre d'une dizaine de nanobars au sol), répartie de manière hétérogène sur le satellite, en fonction de la condensation du SO_2 au sol et de l'activité volcanique. Cette atmosphère subit par ailleurs les effets du champ magnétique de Jupiter et son ionisation donne naissance à un plasma dont les constituants majeurs sont le soufre et l'oxygène et qui se répartit le long de l'orbite de Io en un tore.

Europe est le plus petit des satellites galiléens. Sa surface, de couleur blanche, témoigne de la présence de glaces. Elle se caractérise par un réseau serré de craquelures qui pourrait résulter de la fracturation d'une couche superficielle de glace. Les images rapprochées de Galileo ont montré que la structure striée de sa surface suggérait la présence sous les plaques superficielles d'un milieu visqueux, voire fluide, probablement constitué d'eau salée (figure 5.2). Cette hypothèse est aussi renforcée par la détection, toujours par Galileo, d'un champ magnétique induit qui pourrait prendre naissance dans un tel milieu. Qui dit présence d'eau liquide dit, peut-être, site favorable à l'émergence de la vie... Mais comment s'en assurer ? Même si cet océan interne existait vraiment, il se trouverait sous une couche de glace qui pourrait atteindre plusieurs dizaines de kilomètres d'épaisseur et sa détection puis son exploration poseraient d'énormes problèmes technologiques. Dans un premier temps, la NASA envisage une mission spatiale consistant en la mise en orbite autour d'Europe d'un satellite chargé de détecter indirectement l'éventuel océan par des mesures de gravimétrie et d'altimétrie.

Ganymède, le plus grand des satellites galiléens, a une densité plus faible qu'Europe, ce qui suggère une quantité importante de glaces. Sa surface est très hétérogène dans son aspect et sa morphologie, ce qui suggère la coexistence de terrains anciens et de surfaces plus jeunes. Celles-ci se caractérisent par des réseaux de failles et de cannelures qui laissent présager une activité tectonique importante.

Enfin Callisto, le satellite galiléen le plus éloigné de Jupiter, est également celui dont la surface, uniformément criblée de cratères, est la plus ancienne. Il pourrait avoir connu une activité magmatique dans les premières phases de son histoire, mais semble géologiquement éteint depuis les trois derniers milliards d'années.

Les autres satellites de Jupiter sont de petite dimension et de forme irrégulière, leur masse étant trop faible pour qu'ils puissent acquérir une sphéricité sous l'effet de la gravitation.

La description du système de Jupiter s'achève avec celle de ses anneaux, très ténus et détectés par hasard en 1979 par la sonde Voyager 1, puis observés de nouveau par Galileo. Leur épaisseur semble limitée à quelques dizaines de kilomètres.

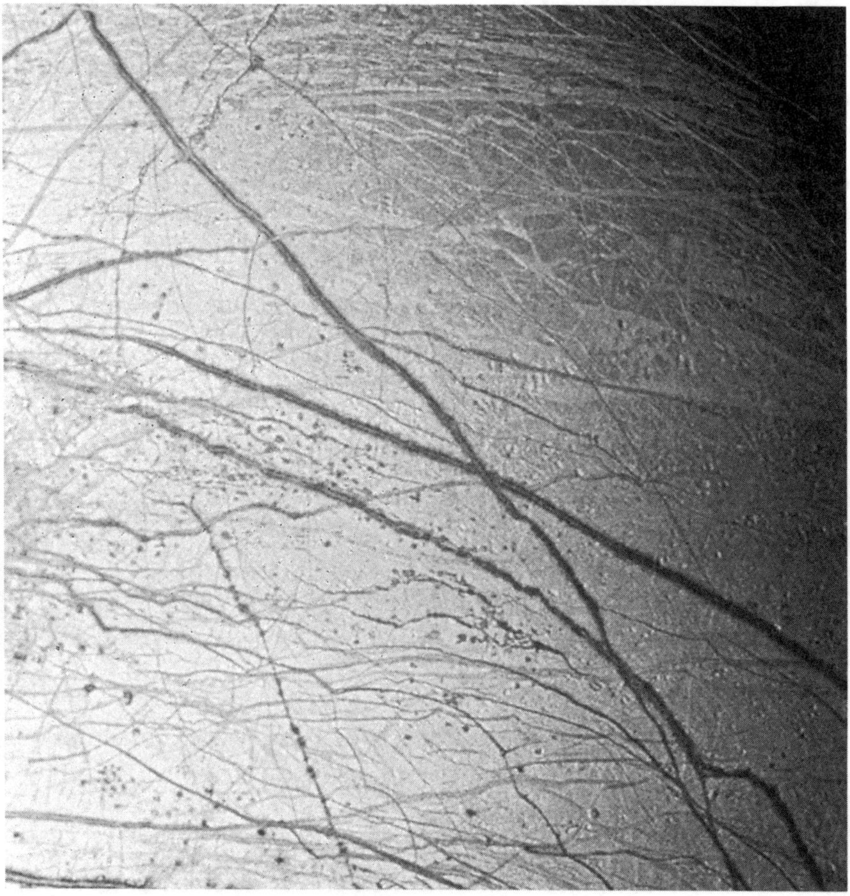

Figure 5.2
La surface d'Europe observée par la caméra du satellite Galileo. Elle est striée de fissures s'étendant sur plusieurs milliers de kilomètres, dont la configuration suggère la présence d'un milieu visqueux sous la surface. (© NASA)

5.2 Saturne

Pour un observateur situé sur la Terre, Saturne est sans doute l'astre du ciel le plus spectaculaire. L'aspect changeant de ses anneaux, qui dépend de la position de la Terre par rapport à leur plan, a longtemps intrigué les astronomes.

Saturne présente des analogies notables avec Jupiter, avec en particulier des structures en bandes et en zones. Celles-ci sont cependant moins marquées, ce qui peut s'expliquer par deux raisons : la température plus basse de l'atmosphère, qui entraîne la condensation d'un épais nuage d'ammoniac, et la circulation* atmosphérique particulièrement active. Les deux effets conjugués auraient alors tendance à masquer les structures nuageuses.

La composition de l'atmosphère de Saturne ressemble beaucoup à celle de Jupiter. Le carbone y est enrichi par rapport à l'hydrogène, ce qui suggère, comme pour Jupiter, un scénario de formation à partir d'un noyau de glaces. Les mesures spectroscopiques ont indiqué, dans les couches supérieures de la planète, une quantité d'hélium plus faible que la valeur protosolaire. Ce résultat, couplé à la découverte d'une intense source d'énergie interne, a été interprété par un effet de différenciation à l'intérieur de Saturne : l'hélium se condenserait dans la phase métallique de l'hydrogène et, sous forme liquide, s'enfoncerait vers le centre, provoquant à la fois une libération d'énergie et un appauvrissement de l'hélium dans les couches externes. Ce phénomène serait dû au lent refroidissement de Saturne. Il existerait également sur Jupiter (où on observe aussi un certain appauvrissement de l'hélium des couches extérieures), mais serait moins sensible car Jupiter a commencé son évolution à partir d'une température plus élevée. Il devrait en revanche être inexistant sur Uranus et Neptune, leur pression interne étant insuffisante pour que l'hydrogène y soit présent sous forme métallique.

Comme dans le cas de Jupiter, Saturne est le siège d'une intense photochimie qui conduit, par dissociation du méthane, à la formation de nombreux hydrocarbures, les plus abondants étant l'éthane et l'acétylène. Enfin Saturne, comme Jupiter, est dotée d'un champ magnétique, mais celui-ci est nettement plus faible puisqu'il est deux fois inférieur au champ magnétique terrestre, ce qui est toutefois suffisant pour qu'on observe, comme dans le cas de Jupiter, une magnétosphère. Celle-ci, trop faible pour être détectée depuis la Terre, a été mise en évidence par les sondes Voyager.

Beaucoup reste à découvrir concernant Saturne et son système, et à l'approche de leur rencontre avec la mission Cassini, tous les regards se tournent vers la planète aux anneaux et son satellite Titan sur lequel se posera le module de descente Huygens en janvier 2005.

Titan et les satellites de Saturne

Titan est le seul satellite du système solaire à posséder une atmosphère dense, ainsi que nous l'a été révélé la sonde Voyager 1 lors de son survol du satellite en 1980. Analogies remarquables avec la Terre, l'atmosphère de Titan est majoritairement composée d'azote et sa pression au sol est de 1,5 bar. Mais là s'arrête la comparaison : la température au sol est en effet extrêmement basse (94 K, soit – 179 °C).

Il est possible que la surface de Titan soit partiellement recouverte de lacs à base de méthane (CH_4) et d'éthane (C_2H_6). Ils serviraient de réservoir au méthane atmosphérique, dissocié en permanence sous l'effet du rayonnement ultraviolet solaire. La composition atmosphérique de Titan est gouvernée d'un côté par la photochimie du méthane, de l'autre par la dissociation de l'azote N_2 sous l'effet du rayonnement solaire et de particules énergétiques provenant de la magnétosphère de Saturne. Il y a donc formation de toute une gamme d'hydrocarbures et de nitriles, qui ont été mis en évidence grâce à leur signature infrarouge lors du survol de Voyager 1. Les expériences de simulation en laboratoire montrent que, dans ces conditions, on peut prévoir la formation de molécules complexes pouvant aller jusqu'à l'adénine, l'une des quatre bases intervenant dans la structure de l'ADN. La vie pourrait-elle se développer à la surface de Titan ? De nombreux éléments semblent s'y opposer, en particulier la basse température, qui freine considérablement toute activité chimique, le faible apport de flux solaire, ainsi que l'absence de milieu aqueux, mais la question reste posée. Elle est suffisamment importante pour que de nombreuses études de laboratoire tentent de simuler la formation de molécules complexes dans l'environnement de Titan. C'est aussi l'une des motivations de l'engin spatial Cassini, en orbite autour de Saturne. La sonde Huygens s'est posée avec succès sur Titan le 14 janvier 2005. L'engin a découvert une surface plane solide, parsemée de blocs sans doute constitués de glace, ainsi que des régions sombres, peut-être dues à des lacs d'hydrocarbures. Il reste maintenant à interpréter ces données...

En dehors de Titan, les satellites de Saturne, dénués d'atmosphère, sont fortement cratérisés (figure 5.3). L'un d'eux, Encélade, présente les traces d'une activité tectonique dont l'origine est mal comprise. Enfin Japet, l'un des satellites les plus éloignés de la planète, présente la caractéristique d'avoir une face sombre, du côté de Saturne, et une face claire, du côté opposé. L'origine de ce phénomène reste encore inexpliquée. Comme dans le cas des autres planètes géantes, de nombreux petits satellites ont été détectés par Voyager, et plus récemment par observation télescopique depuis la Terre.

Les anneaux de Saturne

Les anneaux de Saturne son justement célèbres. Observés par Galilée, qui s'est interrogé en vain sur leur nature, interprétés par Huygens, analysés en détail par Cassini, ils ont fait l'objet de multiples études. Les photographies prises par la sonde Voyager 1 en 1981 ont donné une nouvelle dimension à ces objets avec la mise en évidence non pas

Figure 5.3
Comme les autres satellites de Saturne dénués d'atmosphère, Mimas se caractérise par une surface essentiellement constituée de glace d'eau et très cratérisée. (© NASA)

de nouveaux anneaux mais d'une structure incroyablement riche et complexe, chaque anneau étant lui-même la superposition de milliers d'anneaux concentriques très fins, en mouvement et en interaction les uns par rapport aux autres (figures 5.4 et C.12). Certains sont excentriques, d'autres torsadés, d'autres présentent des inhomogénéités. L'épaisseur des disques ne dépasse pas le kilomètre. Les grains et particules constituant les anneaux sont vraisemblablement constitués de glace, leur taille variant du micron au kilomètre. On le voit, ces anneaux constituent un sujet inépuisable d'étude pour les dynamiciens et les spécialistes des problèmes d'interactions entre plusieurs corps.

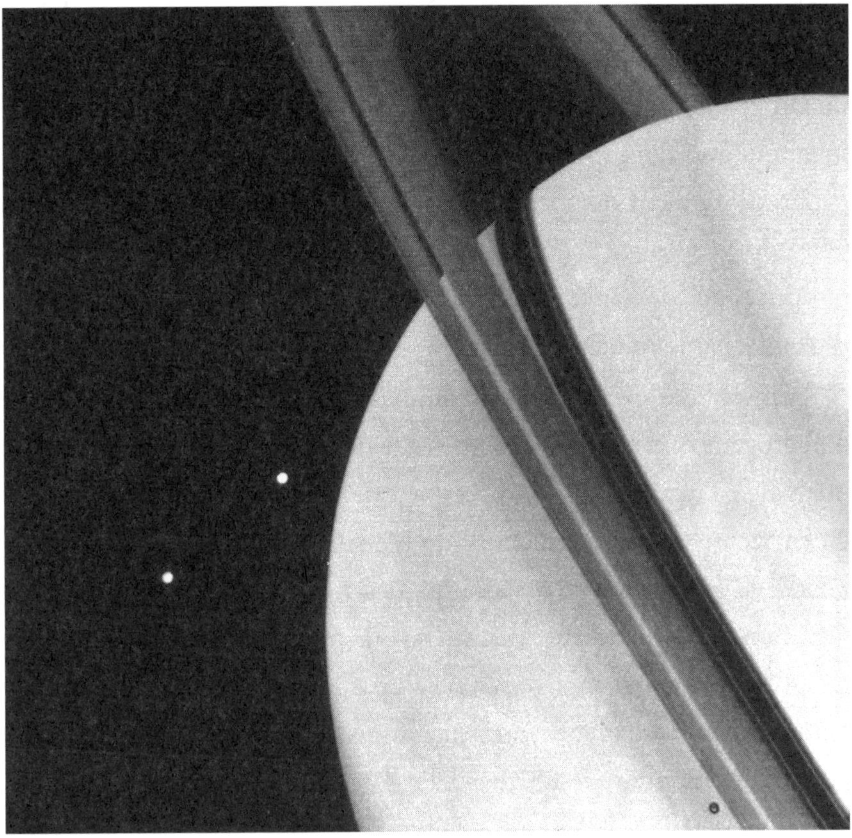

Figure 5.4

Les images de la sonde Voyager 1, en novembre 1980, révélèrent la grande complexité des anneaux de Saturne. Les images prises récemment par la sonde Cassini ont confirmé la grande diversité des structures qui y règnent. (© NASA)

5.3 Uranus, ses satellites et ses anneaux

Nous entrons maintenant dans le domaine des planètes lointaines, invisibles à l'œil nu. La planète Uranus fut découverte en 1791 par l'astronome Herschel, grâce à son télescope de 16 cm d'ouverture. Située à près de 20 UA du Soleil, elle accomplit sa révolution autour de celui-ci en quatre-vingt-quatre ans.

Uranus présente une particularité unique dans le système solaire : son axe de rotation est basculé sur le plan de l'écliptique, avec lequel il ne fait qu'un angle de 8°. On s'interroge sur l'origine de ce basculement qui pourrait provenir d'une collision antérieure avec un astre plus petit. Au moment du survol de la planète par Voyager 2, en 1986, le pôle sud de la planète était approximativement tourné vers le Soleil ; un peu plus de vingt ans plus tard, nous observerons le système d'Uranus par la tranche.

L'atmosphère d'Uranus est, comme celle de ses sœurs, composée d'hydrogène et d'hélium. Comme celle de Neptune, elle comprend du méthane en quantité plus importante que sur Jupiter et Saturne, ce qui est en accord avec les prédictions du modèle de formation à partir d'un noyau de glace. On y trouve aussi des hydrocarbures, dérivés de la dissociation du méthane par le rayonnement solaire. La structure nuageuse d'Uranus, observée en détail par la sonde Voyager 2 en 1986, est de couleur verdâtre, et très peu contrastée. Cette coloration est sans doute due à la présence de quantités abondantes de méthane. Enfin le champ magnétique d'Uranus – dont l'intensité est comparable à celle du champ magnétique terrestre – présente une configuration tout à fait particulière : l'axe magnétique est en effet incliné de 55° par rapport à l'axe de rotation de la planète. Compte tenu de l'inclinaison de l'axe des pôles sur le plan de l'écliptique, la magnétosphère qui en résulte est extrêmement complexe, et sans équivalent dans les autres objets du système solaire.

Avant l'exploration de la planète par Voyager 2, on connaissait à Uranus cinq satellites principaux : Miranda, Ariel, Umbriel, Titania et Obéron. La sonde Voyager 2 a détecté sur certains d'entre eux des traces d'activité géologique (vallées, dépressions, épanchements...). C'est Miranda, le satellite le plus proche d'Uranus, qui a montré les structures les plus spectaculaires (figure 5.5) : falaises abruptes, gorges profondes, failles et vallées, autant de signes d'une activité tectonique passée particulièrement importante, dont l'origine nous est aujourd'hui inconnue.

Comme Jupiter et Saturne, Uranus est entourée d'un système d'anneaux, très différent cependant des deux premiers. C'est une expérience d'occultation stellaire*, réalisée en 1977, qui a mis en évidence

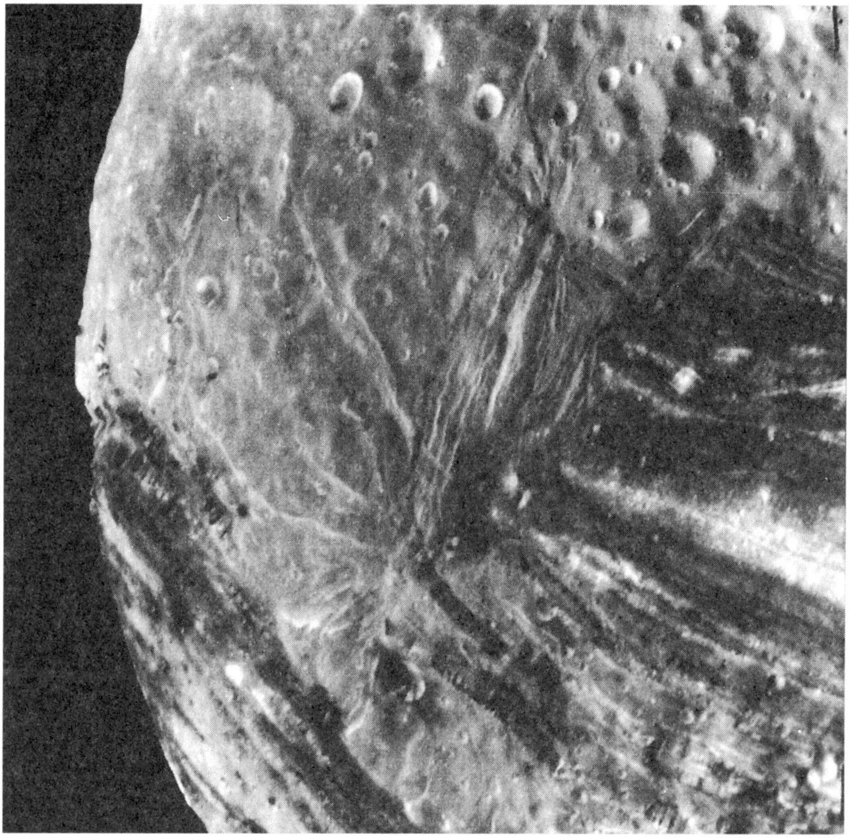

Figure 5.5
La surface de Miranda, satellite d'Uranus, observée par Voyager 2. Cette surface montre les traces d'une activité tectonique intense (failles, vallées...), que l'on n'attendait pas étant données les dimensions modestes du satellite. L'origine de ces structures reste à présent inexpliquée. (© NASA)

pour la première fois la présence de neuf anneaux autour de la planète. Alors qu'ils mesuraient le flux de l'étoile devant laquelle passait Uranus, les astronomes ont en effet enregistré à neuf reprises une chute du signal, avant et après l'occultation par la planète elle-même. Les anneaux ont pu être ensuite observés par Voyager 2. Ils se caractérisent par un très faible albédo : celui-ci pourrait être dû à la présence de matériau carboné réfractaire, résultant de l'irradiation de glaces par le rayonnement ultraviolet solaire ou les particules énergétiques de la magnétosphère. Les anneaux d'Uranus ont aussi été photographiés depuis la Terre et l'orbite terrestre, avec le télescope Hubble. L'évolution de leur géométrie, quasi-circulaire en 1986, puis de plus en plus elliptique au cours des années, rend compte du mouvement d'Uranus le long de son orbite (figure 5.6).

5.4 Neptune

C'est l'étude attentive du mouvement d'Uranus qui a amené certains astronomes du XIXe siècle à déduire l'existence d'une planète encore plus éloignée, responsable, du fait de sa gravité, des anomalies observées sur la trajectoire d'Uranus. La planète Neptune fut ainsi découverte grâce aux calculs simultanés d'Urbain Le Verrier en France et de John Adams en Angleterre.

On savait peu de chose de Neptune avant son exploration par la sonde Voyager 2 en 1989. Les observations depuis le sol avaient toutefois mis en évidence des variations climatiques, qui pouvaient être liées à une circulation atmosphérique particulièrement active. Les images de Voyager ont confirmé cette hypothèse. La circulation de Neptune, en dépit de l'éloignement au Soleil de la planète, s'apparente à celle de Jupiter bien plus qu'à celle de Saturne ou d'Uranus. La planète est d'un bleu intense, provenant sans doute de la condensation de grandes

Figure 5.6

Le système d'Uranus photographié en infrarouge avec la caméra ISAAC du VLT en novembre 2002. La longueur d'onde choisie (2,2 μm) correspond à une bande d'absorption forte du méthane présent dans l'atmosphère d'Uranus, ce qui a pour effet d'affaiblir considérablement le flux de la planète et de faire ressortir celui des anneaux et des satellites (très surexposés sur cette image). On reconnaît les cinq plus gros satellites d'Uranus : Titania, Umbriel, Miranda, Ariel et Obéron. (© ESO) quantités de méthane. Dans l'hémisphère sud, une grande tache sombre, analogue à la grande tache rouge de Jupiter, a été observée par Voyager 2 (figure C.13). Elle semblait animée de mouvements ascendants et coiffée à son sommet de cirrus de méthane blancs. D'autres taches plus petites, à différentes latitudes, évoluaient avec des vitesses variables. Cependant, de nouvelles images de Neptune, prises par le télescope spatial Hubble une dizaine d'années plus tard, ont montré que ces structures avaient disparu. La grande tache sombre de Neptune n'avait donc pas la stabilité de la grande tache rouge de Jupiter.

En 1992, les astronomes ont eu la surprise de découvrir, par spectroscopie depuis le sol, des quantités de monoxyde de carbone (CO) et d'acide cyanhydrique (HCN) bien supérieures à celles des autres planètes géantes, et aussi bien supérieures aux prévisions théoriques. La détection de HCN semble indiquer la présence possible d'azote, ce qui présente d'importantes implications pour les modèles de formation de la planète.

Enfin Neptune possède, comme les autres planètes géantes, un champ magnétique. Celui-ci est, comme dans le cas d'Uranus, incliné à 50° par rapport à l'axe de rotation.

Triton et les satellites de Neptune

Le plus gros satellite de Neptune est Triton. À la suite d'observations spectroscopiques effectuées depuis la Terre, les astronomes avaient supposé qu'il possédait une atmosphère, avant même l'époque de l'exploration spatiale. La sonde Voyager 2, en 1989, a confirmé l'existence d'une atmosphère, très ténue (la pression est d'une dizaine de microbars à la surface) et composée essentiellement d'azote avec un faible apport de méthane. Les images de Voyager ont aussi détecté une brume légère, sans doute due à la condensation d'hydrocarbures provenant de la photodissociation du méthane. La température au sol est très faible (37 K, soit -236 °C).

La surface de Triton présente peu de reliefs et peu de cratères, ce qui indique un terrain jeune. Les images de Voyager ont en outre révélé l'existence d'épanchements, de coulées, de cratères remplis de liquide gelé, résultant probablement d'une activité volcanique passée ou présente, à base de méthane, d'azote et d'eau.

Un autre satellite de Neptune était connu depuis plusieurs décennies par les observations au sol, Néréide. Situé sur une orbite très excentrique, il n'a pu être observé par Voyager 2 en raison d'une configuration géométrique défavorable au moment de la rencontre. En revanche, d'autres petits satellites ont été découverts par la sonde.

Les anneaux de Neptune

Depuis 1984, certaines observations d'occultation stellaire réalisées depuis la Terre tendaient à indiquer l'existence de fragments d'anneaux, appelés arcs, autour de Neptune. Voyager a confirmé ces résultats de manière spectaculaire. Les images ont montré qu'en fait, la matière est bien répartie tout au long d'anneaux concentriques, mais que ceux-ci sont fortement épaissis sur certaines régions, créant pour un observateur terrestre l'illusion d'arcs (figure 5.7).

5.5 Diversité des planètes géantes

Après ce tour d'horizon des planètes géantes et de leur système, une conclusion s'impose : à mesure que son exploration se précise, chaque objet révèle sa propre identité, qui fait de lui un astre unique dans le système solaire extérieur. C'est le cas des quatre planètes géantes, des quatre satellites galiléens, des satellites glacés de Saturne et de ceux d'Uranus, sans oublier ces objets singuliers que constituent Titan et

Figure 5.7
Les anneaux de Neptune, photographiés par la sonde Voyager 2 en 1989. On voit les défauts d'homogénéité qui ont d'abord amené les observateurs à proposer la présence d'arcs et non d'anneaux complets. (© NASA)

Triton. Quant aux quatre systèmes d'anneaux, ils nous révèlent eux aussi une extrême diversité. Celle-ci n'est que le témoin de la multiplicité des processus de formation et d'évolution qui ont façonné le système solaire au cours de son histoire. Si nous pouvons un jour explorer un autre système stellaire, quelles sortes d'astres y trouverons-nous ?

Chapitre 6
Les petits corps du système solaire

Avec les planètes telluriques, les planètes géantes et les différents systèmes de satellites et d'anneaux, nous avons répertorié la quasi-totalité de la masse du système solaire. Il reste cependant plusieurs classes d'objets de petites dimensions, mais dont les propriétés peuvent être spectaculaires lorsque leur trajectoire les amène à proximité du Soleil ou de la Terre : il s'agit des astéroïdes, des comètes, et de la poussière interplanétaire, qui nous arrive sous forme de météorites ou d'étoiles filantes. Ce sont les « petits corps » du système solaire. Les plus massifs d'entre eux sont les astéroïdes.

6.1 Les astéroïdes

C'est au tout début du XIXe siècle qu'un astronome sicilien, Giuseppe Piazzi, découvrit le premier astéroïde, Ceres, qui est aussi le plus gros. Cette découverte fut rapidement suivie de celle de Pallas, de Junon et de Vesta : l'exploration de la famille des astéroïdes avait commencé.

Nous avons vu que la distribution des distances héliocentriques des planètes fait apparaître un vide entre l'orbite de Mars et celle de Jupiter. Selon l'hypothèse généralement acceptée actuellement, les effets de marée induits par la présence de Jupiter, la plus massive de toutes les planètes, aurait empêché, à cette distance du Soleil, l'accrétion des fragments de matière primitive – les planétoïdes – en un seul objet.

La grande majorité des astéroïdes est située dans la ceinture astéroïdale principale, à une distance du Soleil de 2 à 3,5 UA. Au delà de cette distance, on trouve deux autres familles d'astéroïdes : les hildas, à une distance de 4 UA, et les troyens, ces derniers évoluant sur l'orbite de Jupiter, à 60° en avant et en arrière de la planète. Il existe d'autres familles d'astéroïdes, dont certains peuvent s'approcher très près de la Terre : ce sont les apollo-amors. Les trajectoires des astéroïdes sont le plus souvent quasi-circulaires, avec quelques exceptions notables, comme celle de l'astéroïde Hidalgo, incliné de 30° sur le plan de l'écliptique.

Du fait de leur petite taille (de quelques dizaines à quelques centaines de kilomètres), et – pour la plupart d'entre eux – de leur grande distance héliocentrique, les astéroïdes sont faiblement lumineux et difficilement observables. Nous savons toutefois qu'ils n'ont pas d'atmosphère : leur sol, constitué essentiellement de métaux et de roches, est dénué de matériaux volatils, et leur masse est insuffisante pour qu'ils puissent conserver une atmosphère stable. Nous avons également une information sur la nature minéralogique de leur surface, à partir des observations spectroscopiques infrarouges, capables de mettre en évidence les différents types de silicates et les composés métalliques contenant notamment du fer et du nickel. Il a résulté de ces mesures une classification empirique entre astéroïdes C (carbonés), S (silicatés), M (métalliques) et U (inconnus). Il est intéressant de noter la corrélation existant entre les types spectraux des astéroïdes et leur distance héliocentrique. Les astéroïdes silicatés (formés aux températures les plus élevées) dominent dans la région interne de la ceinture principale, tandis que les objets carbonés (formés dans un milieu plus froid) sont les plus fréquents dans la partie externe. Le type spectral D, qui correspond à un mélange de matériaux organiques et de silicates anhydres, est quasiment le seul existant à grande distance héliocentrique : il correspond aux astéroïdes les plus primitifs, formés à très basse température. Cette distribution des astéroïdes en fonction de leur distance au Soleil est une conséquence directe de la séquence de condensation qui est à l'origine de la formation des objets du système solaire à partir de la nébuleuse primordiale (voir le chapitre 3).

On a pu mettre en évidence des similitudes entre les spectres des astéroïdes et ceux de certaines météorites. Les météorites dites « chondrites carbonées » pourraient ainsi provenir des astéroïdes C et les météorites pierreuses des astéroïdes S. Par ailleurs, les astéroïdes se différencient sans doute largement, notamment les plus gros d'entre eux, par l'énergie radioactive des éléments contenus en leur centre, qui, conjuguée aux effets de multiples collisions, font que la nature de leur intérieur doit être différente de celle de leur surface. Bien que dans de nombreux cas les corps parents* dont sont issues les météorites n'aient pas été identifiés, il est néanmoins vraisemblable que l'origine de ces dernières se trouve bien dans la famille des astéroïdes.

S'il est vrai que les astéroïdes sont des objets dont l'accrétion en une planète unique a été interrompue par les perturbations gravitationnelles induites par Jupiter, on peut considérer que cette famille est bien représentative des planétoïdes à partir desquels se sont formés les divers objets du système solaire. Certes, ces astéroïdes ont pu évoluer, surtout les plus gros d'entre eux, mais ils témoignent toutefois d'une étape importante de l'accrétion des planètes.

Jusqu'aux années 1990, aucune mission spatiale n'avait été consacrée à leur étude, même si certains d'entre eux ont été visités par les sondes

Galileo et Cassini au cours de leur croisière vers des objectifs plus lointains. C'est ainsi que les astéroïdes Gaspra (figure 6.1) et Ida ont été photographiés de près par la sonde Galileo en 1992 et 1993 respectivement. Les images nous ont révélé des surfaces fortement asymétriques, irrégulières et cratérisées, et leurs dimensions maximales sont respectivement de 20 km et 56 km. Le survol de Ida par Galileo a même créé la surprise, avec la première découverte d'un satellite, Dactyl, de

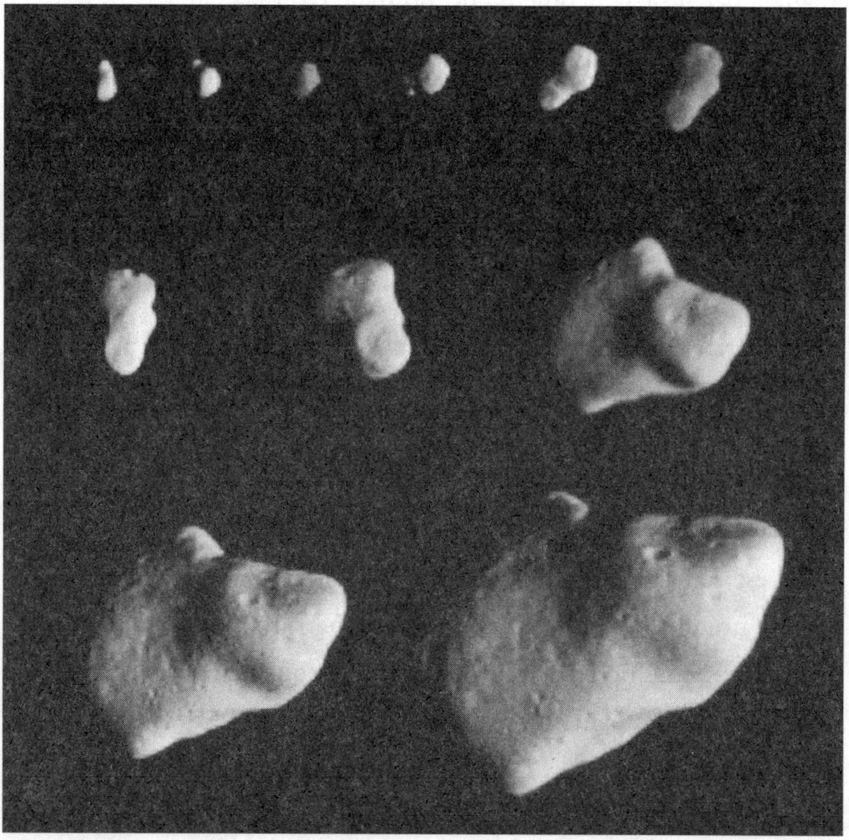

Figure 6.1
La séquence d'images prises par la sonde Galileo lors de son survol de l'astéroïde Gaspra en octobre 1991 a permis d'observer sa surface sous différents angles et de mesurer sa période de rotation. (© NASA)

dimension maximum 1,6 km, en orbite autour de l'astéroïde (figure 1.5). Plus récemment, plusieurs missions spatiales ont été lancées avec pour premier objectif l'exploration d'un ou de plusieurs astéroïdes. C'est le cas de la mission américaine Near qui survolé l'astéroïde Mathilde en 1997, avant de se mettre en orbite autour du géocroiseur* Eros (figure 6.2) puis de se poser sur sa surface en février 2001. Entre temps, en 1999, la mission technologique Deep Space 1 a réalisé un survol rapproché du petit astéroïde Braille. Que nous ont apporté ces observations rapprochées ? Les dimensions maximales de Mathilde et d'Eros sont de 59 km et 33 km respectivement, tandis que Braille ne mesure que 2,2 km au maximum. On a pu mesurer la masse et la

Figure 6.2
Le satellite Eros observé par la sonde Near en février 2001. (© NASA)

densité des astéroïdes, et la distribution des cratères a permis de les dater. La surface d'Eros apparaît couverte de régolite, ce qui indique une certaine maturation de sa surface, soumise aux impacts de la ceinture astéroïdale jusqu'à un passé récent (une centaine de millions d'années).

L'exploration rapprochée des astéroïdes fournit ainsi des informations précieuses sur leurs paramètres physico-chimiques, ainsi que sur leur histoire dynamique. Elle va se poursuivre avec la mission américano-japonaise Muse-C, qui prévoit de rapporter sur Terre des échantillons de matière astéroïdale à l'horizon 2007. Deux autres astéroïdes seront survolés par la mission européenne Rosetta, lancée en février 2004, au cours de son périple en direction d'une comète lointaine.

6.2 Les comètes

Les comètes sont connues depuis la plus haute Antiquité. Certaines d'entre elles comptent, ou ont compté, parmi les objets les plus extraordinaires du système solaire, et elles ont fait l'objet d'innombrables études. Le mystère de leur origine, le caractère souvent imprévisible de leur apparition, leur mouvement longtemps inexpliqué sur la sphère céleste, enfin leur aspect changeant, tout cela a contribué à développer une légende, voire une réelle superstition autour de ces objets. Depuis les temps les plus anciens, la chronique nous rapporte qu'en de multiples occasions l'apparition des comètes fut interprétée comme annonciatrice de catastrophes (guerre, famine, épidémie) ou de mort pour d'illustres personnages. L'un des exemples les plus célèbres nous est présenté sur la tapisserie de Bayeux : l'apparition, en 1066, de la comète qui deviendra plus tard la comète de Halley est interprétée par le roi Harold d'Angleterre comme le présage de sa mort prochaine (figure 6.3). Ces superstitions subsistèrent bien après que la trajectoire et le retour périodique de certaines comètes eurent été expliqués par l'astronome et mathématicien Edmund Halley, dans le courant du XVIIIe siècle. Ayant aujourd'hui perdu une bonne partie de leur mystère, les comètes n'en demeurent pas moins des objets d'étude fascinants pour les astronomes. Elles nous apparaissent comme des vestiges intacts de la matière primitive du système solaire, dont l'analyse présente un intérêt unique pour l'étude des conditions physico-chimiques de la nébuleuse solaire primitive.

Longtemps limitée à la simple description des phénomènes observés (figure 6.4), la cométologie a connu, à l'occasion du retour de la comète de Halley en 1986, un véritable bond en avant. Ce progrès a

Figure 6.3

Fragment de la tapisserie de la reine Mathilde à Bayeux montrant le roi Harold et ses conseillers en 1066, rendus inquiets par l'apparition de la comète de Halley.

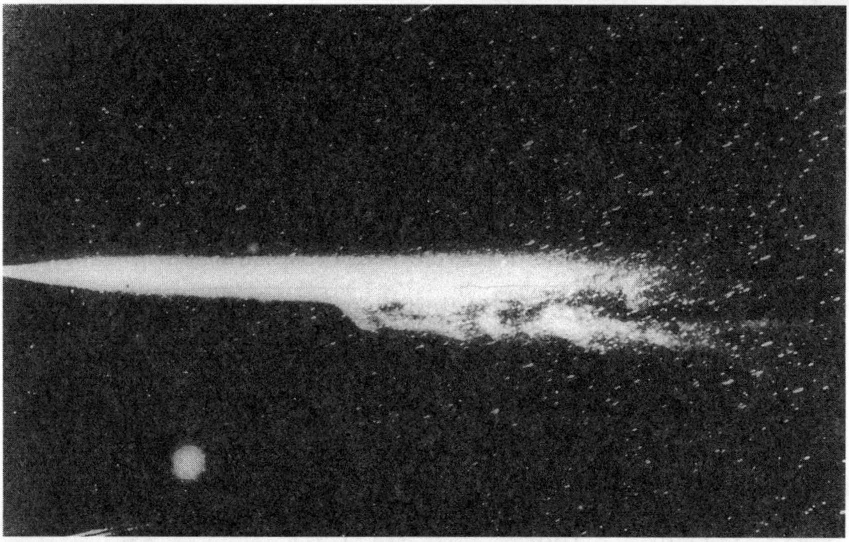

Figure 6.4

Photographie de la comète de Halley prise en 1910 à l'occasion de son passage à proximité de la Terre. Sa position par rapport à la Terre et au Soleil au moment du passage au périhélie s'est avérée particulièrement favorable, ce qui a permis la prise d'images de grande qualité. (© Lowell Observatory, Flagstaff, Arizona)

été rendu possible par l'envoi simultané de cinq sondes spatiales (la sonde européenne Giotto, les deux sondes soviétiques Vega et deux sondes japonaises) en mars 1986. À cet effort sans précédent s'est ajoutée une campagne internationale coordonnée d'observations depuis la Terre et à toutes les longueurs d'onde. Dix ans plus tard, l'exploration cométaire a franchi un nouveau palier avec l'apparition de nouvelles comètes particulièrement brillantes, Hyakutake en 1996 et Hale-Bopp en 1997.

a) Qu'est-ce qu'une comète ?

Bien qu'elles puissent, à proximité du Soleil, prendre un aspect très spectaculaire, les comètes sont des objets de très petite taille. Ce sont

Figure C.1

La planète Vénus observée par la sonde Galileo lors de son survol de la planète en février 1990. (© NASA)

Figure C.2

Cartographie de la planète Mars, réalisée à partir d'images prises par la sonde Mars Global Surveyor. La calotte nord est recouverte en permanence de glace d'eau. (© NASA et USGS)

Figure C.3
Jupiter et ses satellites galiléens : Io (au milieu à gauche), Europe (au centre), Ganymède (en bas à gauche) et Callisto (en bas à droite). Composition réalisée à partir d'images prises par la sonde Voyager 1. (© NASA)

Figure C.4

Saturne et ses principaux satellites : Dioné (au premier plan), Mimas et Théthys (en bas à droite), puis Encelade et Rhéa (en haut à gauche), et enfin, au loin, Titan (en haut à droite). Composition réalisée à partir d'images prises par la sonde Voyager 1. (© NASA)

Figure C.5

La Terre vue de l'espace. On reconnaît, sous les nuages, l'Antarctique, le continent africain et la péninsule arabique. (© NASA)

Figure C.6

Exemple de cyclone terrestre. La Terre est la seule planète du système solaire sur laquelle on trouve l'eau à la fois sous forme liquide, solide et gazeuse. (© NASA)

Figure C.7
Le couple Terre-Lune, observé par la sonde Galileo lors de son passage à proximité de la Terre. (© NASA)

Figure C.8

Le mont Olympe (*Olympus Mons*), le plus haut volcan de Mars et du système solaire (près de 25 km d'altitude), photographié le 19 octobre 1998 par le vaisseau Mars Global Surveyor, en orbite autours de Mars. (© NASA)

Figure C.9
Jupiter et deux satellites galiléens (Ganymède, à l'extrême droite, et Europe, en haut à droite), photographiés par Voyager 1. (© NASA)

Figure C.10
La « grande tache rouge » de Jupiter, photographiée par Voyager 1. (© NASA)

Figure C.11

L'image du satellite Io, prise par la sonde Voyager 1 en 1979, a montré pour la première fois l'existence d'un volcanisme actif sur un objet autre que la Terre. (© NASA)

Figure C.12
Les anneaux de Saturne, photographiés par Voyager 1 en 1980. (© NASA)

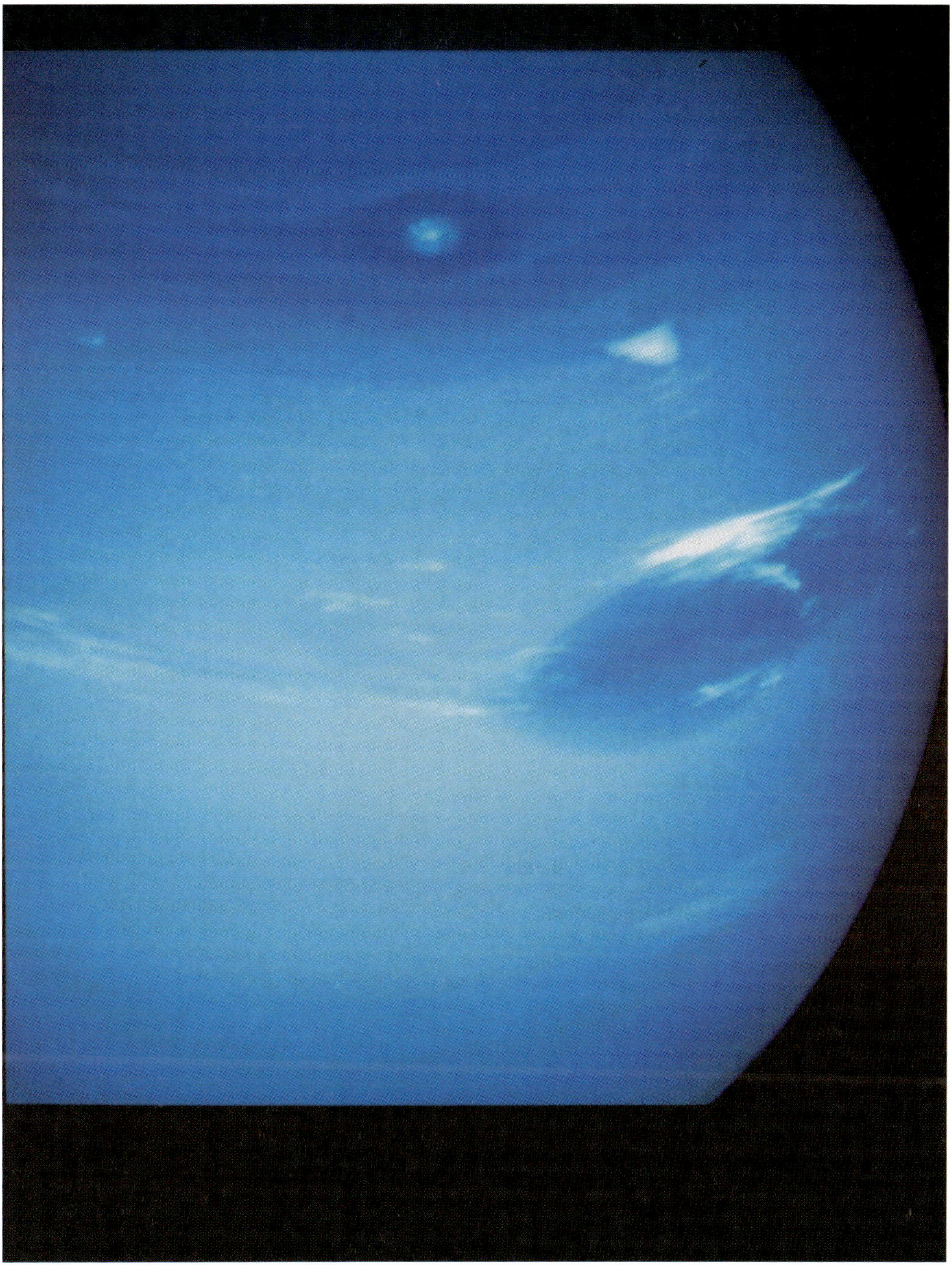

Figure C.13

La planète Neptune et sa grande tache sombre, photographiées par la sonde Voyager 1 en 1989. Dix ans plus tard, les images prises par le télescope spatial Hubble ont montré que ce phénomène météorologique avait disparu. (© NASA)

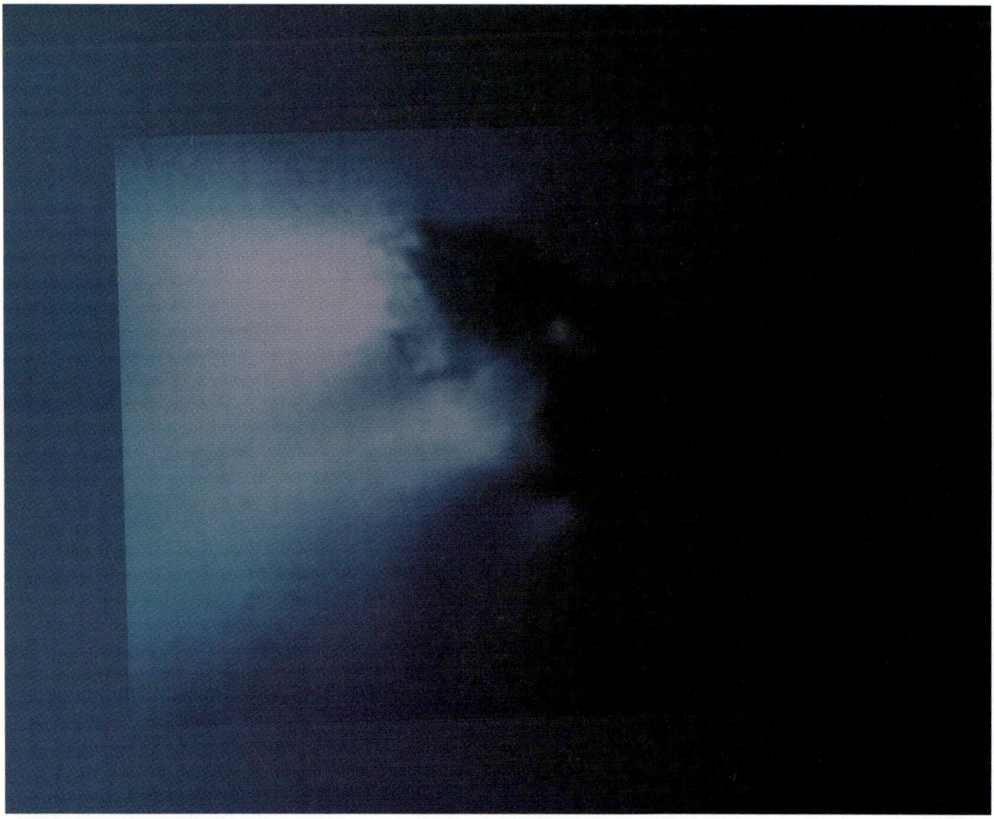

Figure C.14

Le noyau de la comète de Halley, observé par la caméra de la sonde Giotto lors de son survol de la comète en mars 1986. (© ESA)

Figure C.15

La nébuleuse d'Orion, riche en régions de formation d'étoiles, photographiée par le télescope spatial Hubble. (© NASA/ESA)

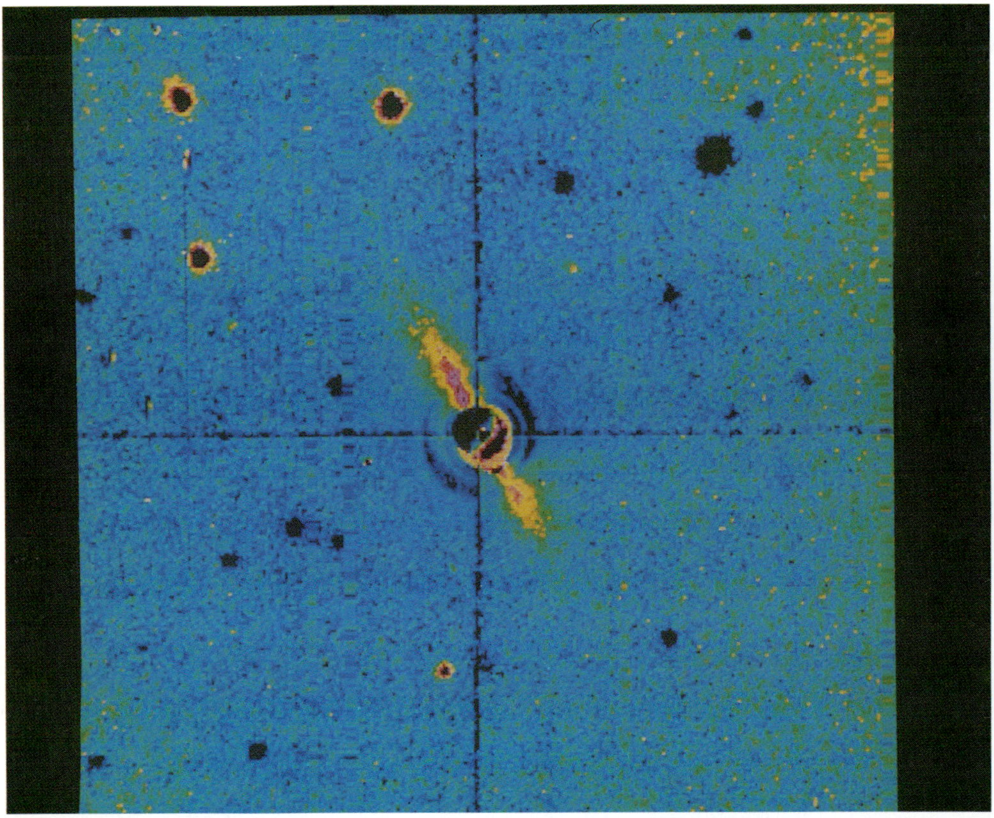

Figure C.16

Le disque de poussières entourant l'étoile Pictoris, photographié en 1984 par le télescope de 2,50 m de l'Observatoire de Las Campanas au Chili. (© Obs. Las Campanas) des corps de forme irrégulière, dont la dimension moyenne est de l'ordre de quelques kilomètres, qui gravitent en orbite très excentrique autour du Soleil, à des distances héliocentriques pouvant varier de moins d'une à plusieurs dizaines d'unités astronomiques. Leur noyau est constitué essentiellement de glace d'eau, avec une petite contribution de métaux, de roches et d'autres glaces.

Lorsqu'une comète est très éloignée du Soleil, elle est peu accessible à l'observation, du fait de sa petite taille et de sa faible luminosité, mais lorsque sa trajectoire la rapproche du Soleil, les glaces du noyau commencent à se sublimer sous l'action du rayonnement solaire ; l'éjection de gaz et de poussière ainsi provoquée donne lieu à la formation d'une coma, ou chevelure, et d'une queue de poussières. La coma est constituée des molécules-mères, c'est-à-dire des molécules directement issues du noyau, où elles étaient piégées sous forme de glaces. Ces molécules-mères sont rapidement dissociées par le rayonnement ultraviolet solaire, et donnent naissance à des radicaux, des atomes et des ions. Ceux-ci interagissent avec le vent solaire et forment une queue de plasma, rectiligne et s'étirant à l'opposé du Soleil. Plus la comète est près du Soleil, plus les glaces se subliment et plus la coma est importante : on dit que la comète est « active ». Son activité croît à mesure qu'elle se rapproche du Soleil, pour diminuer jusqu'à disparaître complètement lorsqu'elle repart vers le système solaire extérieur.

b) Comètes périodiques et nouvelles comètes

On distingue deux types de comètes. Les premières sont périodiques et ont été observées en de multiples occasions. Leurs prochaines apparitions peuvent donc être prévues, ce qui permet de préparer à l'avance les programmes d'observation, depuis la Terre ou dans l'espace. Leur période peut varier de quelques années à quelques dizaines d'années.

La comète Encke, de période trois ans et demi, et la comète de Halley, de période soixante-seize ans, constituent deux exemples extrêmes et bien connus. Au cours de la prochaine décennie, une autre comète périodique, Churyumov-Gerasimenko, va mobiliser l'attention des cométologues. C'est en effet la cible sélectionnée par l'Agence spatiale européenne pour sa mission d'exploration cométaire Rosetta. Il s'agit d'une entreprise de longue haleine : lancée en février 2004, le vaisseau spatial atteindra la comète dans une dizaine d'années pour s'y placer en orbite, y déposer un module de surface, et observer l'évolution progressive de son activité à mesure que la comète se rapprochera du Soleil.

L'autre catégorie regroupe les comètes dites « nouvelles », qui apparaissent à proximité du Soleil ou de la Terre pour la première fois. Leur trajectoire est souvent proche de la parabole, ce qui indique qu'elles proviennent des confins du système solaire, à plusieurs dizaines de milliers d'UA ; nous reviendrons plus loin sur le problème de leur origine. Les comètes nouvelles sont particulièrement intéressantes pour les astronomes, car elles sont souvent plus brillantes. En effet, une comète arrivant pour la première fois à proximité du Soleil possède intacte sa réserve de glace, alors que dans le cas des comètes périodiques, cette réserve s'use à chaque passage, ce qui fait que les comètes périodiques sont moins actives que les nouvelles.

Ces comètes inattendues, aubaines des observateurs, présentent toutefois un inconvénient : en général, on ne peut prévoir leur passage près du Soleil et de la Terre, moment où leur éclat est maximum, que quelques mois, voire quelques semaines, à l'avance. On met alors hâtivement sur pied une campagne d'observations au sol, en utilisant au mieux les instruments existant disponibles, mais une exploration par une mission spatiale spécifique est bien sûr impossible compte tenu des délais nécessaires pour mettre sur pied un tel programme.

Les deux comètes brillantes de la fin du XXe siècle, Hyakutake et Hale-Bopp appartiennent à la catégorie des comètes nouvelles. Il faut remarquer au passage que ces deux comètes étaient de nature très différente : avec moins de 3 km de diamètre, Hyakutake était de dimension modeste, mais elle est passée très près de la Terre, à seulement 0,1 UA, en mars 1986, ce qui l'a rendue aisément visible à l'œil nu ; la comète Hale-Bopp, en revanche, était exceptionnelle car son diamètre, estimé entre 40 et 80 km, en fait, de loin, la plus grosse comète connue. Identifiée en juillet 1995, à une distance de 7 UA du Soleil et près de deux ans avant son passage au périhélie, elle fut l'objet d'une intense campagne d'observation depuis le sol mais aussi avec les télescopes spatiaux orbitaux HST et ISO. Son éclat exceptionnel a permis de l'observer sur une échelle inégalée de distances héliocentriques, avant et après son passage au périhélie.

Les deux types de comètes, périodiques et nouvelles, sont complémentaires au niveau des programmes d'observation. Ils le sont aussi au niveau de leur nature et de leur intérêt scientifique pour le cométologue, car les comètes nouvelles ou à longue période sont des objets jeunes alors que les comètes à courte période sont les plus âgées. Nous verrons plus loin que ces deux types de comètes semblent provenir de deux « réservoirs » différents.

c) Composition chimique des comètes

Quelle est la nature chimique des comètes ? Avant l'apparition de la comète de Halley en 1986, il existait bien peu d'observations directes. La détection de l'atome d'hydrogène ainsi que celle, dans le domaine radio, du radical OH, laissait supposer la présence d'eau en abondance. Déjà, en 1950, l'astronome américain Fred Whipple avait proposé le modèle de la « boule de neige sale », dans lequel H_2O était le constituant majoritaire. L'exploration de la comète de Halley, en 1985-1986, a largement confirmé cette vision prémonitoire. La grande surprise a toutefois été la présence de constituants carbonés à la surface et dans l'environnement de la comète : la boule de neige était vraiment très sale ! Ce matériau carboné a été découvert à la surface du noyau, contribuant à la rendre aussi sombre que du charbon (figure C.14). Il a également été détecté dans les poussières de la coma, analysées par les spectromètres de masse* des sondes spatiales ainsi que par l'analyse spectroscopique depuis la Terre. D'autres observations spectroscopiques réalisées sur d'autres comètes plus récentes ont confirmé ce résultat.

Nous savons donc maintenant que les comètes sont constituées majoritairement d'eau. Les autres molécules présentes sont le monoxyde de carbone CO, le gaz carbonique CO_2, le formaldéhyde H_2CO, et le méthanol CH_3OH, dans un rapport de mélange de quelques centièmes. D'autres molécules sont encore moins abondantes, en particulier le méthane CH_4, l'ammoniac NH_3, l'acide cyanhydrique HCN, l'anhydride sulfuré H_2S et plus d'une dizaine d'autres espèces encore. Cette composition chimique rapproche le matériau cométaire de la matière interstellaire, dans laquelle, en phase gazeuse, le carbone est aussi essentiellement présent sous forme de CO.

d) Les comètes et le milieu interstellaire

Quelle est l'origine des comètes ? Appartiennent-elles au système solaire, ou proviennent-elles du milieu interstellaire environnant ? Pour répondre à cette question, les astronomes se sont penchés sur l'étude très précise des orbites les mieux connues, en tenant compte des perturbations antérieures dues aux planètes environnantes. L'astronome hollandais Jan Oort, à partir d'une première étude portant sur une vingtaine de comètes, mit en évidence l'existence à environ

40 000 UA du Soleil d'un immense réservoir de comètes auquel il a donné son nom : le nuage de Oort. Ce résultat fut confirmé ensuite par une analyse de B. Marsden, portant sur un nombre d'objets dix fois supérieur. Il faut noter que le nuage de Oort n'est pas confiné au plan de l'écliptique, mais forme plutôt une vaste coquille aux confins du système solaire : les comètes qui en proviennent peuvent avoir des inclinaisons très élevées.

Les comètes ne proviennent donc pas du milieu interstellaire extérieur ; ce sont bien des objets de notre système solaire, qui passent la plus grande partie de leur vie dans un milieu extrêmement froid et dilué, dans des conditions très proches de celles du milieu interstellaire lui-même. Ce sont les perturbations gravitationnelles liées au mouvement des étoiles voisines qui projettent certaines d'entre elles dans le système solaire intérieur, les rendant ainsi observables. Après leur premier passage à proximité du Soleil, il arrive que les perturbations dues aux planètes, à commencer par Jupiter, modifient à nouveau l'orbite cométaire pour la stabiliser en un mouvement elliptique de plus courte période. Le nuage de Oort apparaît donc comme le réservoir des nouvelles comètes comme Hyakutake (figure 6.5) et Hale-Bopp, mais aussi des comètes à longue période comme la comète de Halley. On estime à cent milliards le nombre de comètes présentes dans le nuage de Oort ; c'est dire combien la probabilité d'injection près du Soleil est faible...

Comment les comètes sont-elles arrivées dans le nuage de Oort ? La densité de matière y est si faible qu'elles n'ont sans doute pas pu se former sur place. L'hypothèse communément admise actuellement est que les comètes ont dû se former à des distances héliocentriques allant de quelques à quelques dizaines d'unités astronomiques, et c'est la proximité des planètes géantes, et plus particulièrement Jupiter, qui les

Figure 6.5

La comète Hyakutake. Lors de son premier passage en 1996, elle est apparue particulièrement brillante du fait de sa faible distance à la Terre (0,1 UA). (© Shigemi Numazawa/NASA)

a éjectées vers le nuage de Oort. D'autres comètes semblent provenir d'un second réservoir. Formées au-delà de Neptune, entre 30 et 100 UA, elles ont échappé à ces perturbations des planètes géantes et elles résident dans la ceinture de Kuiper, où se trouvent aussi, comme nous le verrons, les objets transneptuniens. La ceinture de Kuiper se présente comme un tore à proximité du plan de l'écliptique et on pense que c'est le réservoir des comètes à courte période, qui se caractérisent par une faible inclinaison. Là encore, les perturbations gravitationnelles liées aux planètes géantes, à commencer par Neptune, projettent occasionnellement ces comètes vers l'intérieur du système solaire.

Bien qu'elles ne proviennent pas du milieu interstellaire proprement dit, les comètes sont constituées d'un matériau qui présente, sur le plan physico-chimique, de multiples analogies avec la matière interstellaire.

En particulier, toutes les molécules cométaires ont été détectées dans le milieu interstellaire. De plus, on trouve trace, dans les comètes comme dans la matière interstellaire, d'un matériau organique non volatil dont on sait qu'il est produit par l'irradiation de glaces par du rayonnement ultraviolet ou par des particules énergétiques. C'est pourquoi l'étude des comètes intéresse bien sûr les cométologues, mais aussi tous les astronomes, qui voient dans ces échantillons représentatifs providentiellement envoyés vers la Terre un moyen privilégié de mieux connaître le milieu interstellaire.

e) Vie et mort des comètes

Qu'advient-il d'une comète après de multiples passages auprès du Soleil ? À chaque apparition, elle perd par sublimation une couche superficielle de glace, essentiellement constituée d'eau. Au fur et à mesure de ses retours à proximité du Soleil, la quantité de glace présente dans son noyau diminue et la comète est de moins en moins active. Le noyau devient alors majoritairement constitué de silicates, de carbone et de roches. Cette composition chimique des comètes « mortes » les rapproche fortement des astéroïdes carbonés, dont elles pourraient constituer un sous-ensemble. Des comètes aux astéroïdes, il n'y aurait donc qu'un pas.

Autre destin possible : une comète peut voir son noyau se fracturer. C'est par exemple ce qui est arrivé en 1992 à la comète Shoemaker-Levy 9 (figure 6.6), lors de son passage à proximité de Jupiter autour de laquelle elle était en orbite. Au passage suivant, en 1994, les fragments ont alors été happés par la planète et l'ont percutée de plein fouet.

Enfin, une comète peut aussi se vaporiser lorsqu'elle passe à proximité du Soleil. Le satellite Soho, dédié à l'observation du Soleil, a ainsi

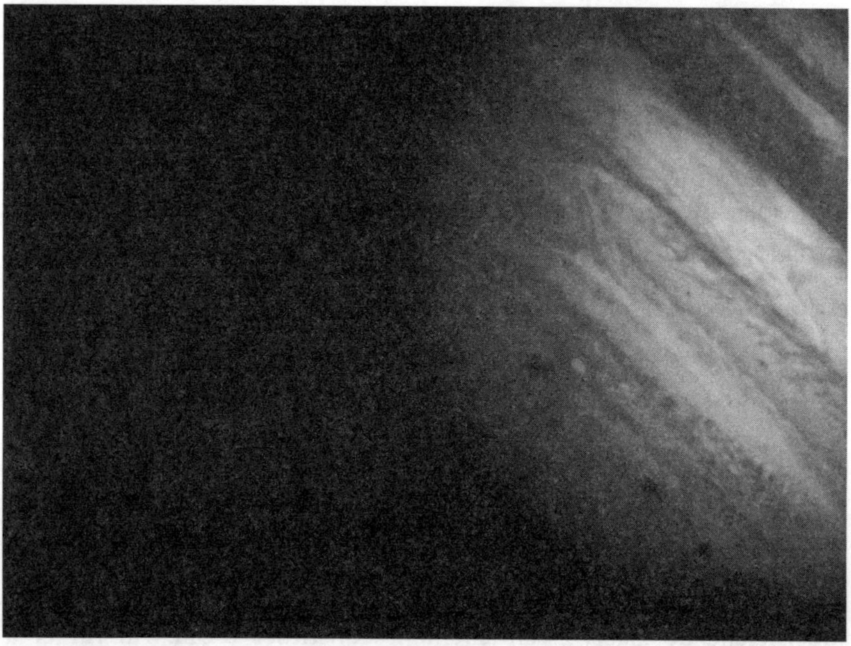

Figure 6.6

Les impacts créés sur Jupiter par la comète Shoemaker-Levy 9, photographiés par la caméra du télescope spatial Hubble. Une vingtaine de fragments ont pénétré dans l'atmosphère de la planète géante entre le 16 et le 23 juillet 1994, le long du 44e parallèle sud. Les explosions se sont produites à une pression de l'ordre du bar, et ont projeté des éjecta jusqu'à une altitude dépassant 3 000 km. En retombant, ils ont alors chauffé la stratosphère jovienne, créant par chimie de choc la formation de nouvelles espèces chimiques. (© NASA-ESA)

montré que plus d'une centaine de comètes tombent chaque année dans le Soleil, happées par son champ de gravité et volatilisées par son rayonnement.

6.3 Aux nouvelles frontières du système solaire

Jusqu'aux années 1990, notre vision du système solaire extérieur se limitait aux planètes géantes, leurs satellites et leurs anneaux, au système Pluton-Charon, aux quelques astéroïdes lointains connus, et au nuage de Oort, réservoir des comètes. Cette vision n'a plus cours aujourd'hui. Au niveau de l'orbite de Pluton et au-delà, des centaines de corps glacés ont été découverts. Ils appartiennent à une nouvelle classe d'objets, dits transneptuniens ou TNOs (*trans-neptunian objects*). La région qu'ils occupent dans l'espace porte le nom de ceinture d'Edgeworth-Kuiper, ou plus simplement ceinture de Kuiper. Il s'agit d'un tore, situé à proximité de l'écliptique, dont la distance au Soleil s'étend de trente à une centaine d'unités astronomiques.

a) La ceinture de Kuiper et les objets transneptuniens

L'hypothèse de l'existence de la ceinture de Kuiper remonte à un demi-siècle. Les astronomes K. Edgeworth en 1943, puis G. Kuiper en 1951, furent les premiers à suggérer l'existence possible, pour les comètes à courte période, dotées d'une faible inclinaison, d'un réservoir proche de l'écliptique et situé au-delà des planètes extérieures. En effet, la structure sphérique du nuage de Oort rendait difficilement compte de ces caractéristiques orbitales.

Il restait à détecter ces objets lointains. Ce n'est qu'à la fin du XXe siècle que la découverte des objets transneptuniens a été rendue possible, grâce à l'utilisation des grands télescopes et des caméras les plus sensibles. En 1992, après cinq années de recherches infructueuses, D. Jewitt et J. Luu ont découvert le premier objet de cette nouvelle famille. Ce n'était que le premier d'une longue série : douze ans plus tard, on connaît plus d'un millier de TNOs. Plusieurs d'entre eux (Varuna, Quaoar...) ont un diamètre comparable ou supérieur à celui de Cérès, le plus gros astéroïde.

La structure de la ceinture de Kuiper se rapproche de celle de la ceinture principale des astéroïdes : la plupart des objets y évoluent sur des orbites quasi-circulaires, avec une faible inclinaison sur le plan de l'écliptique ; on les appelle les objets classiques (figure 6.7). Deux autres classes d'objets, moins nombreux, peuplent aussi la ceinture de Kuiper. La première concerne les objets résonants, aussi appelés « plutinos », qui possèdent la même période que Pluton (exactement une fois et demi celle de Neptune, ce qui correspond à une configuration orbi-

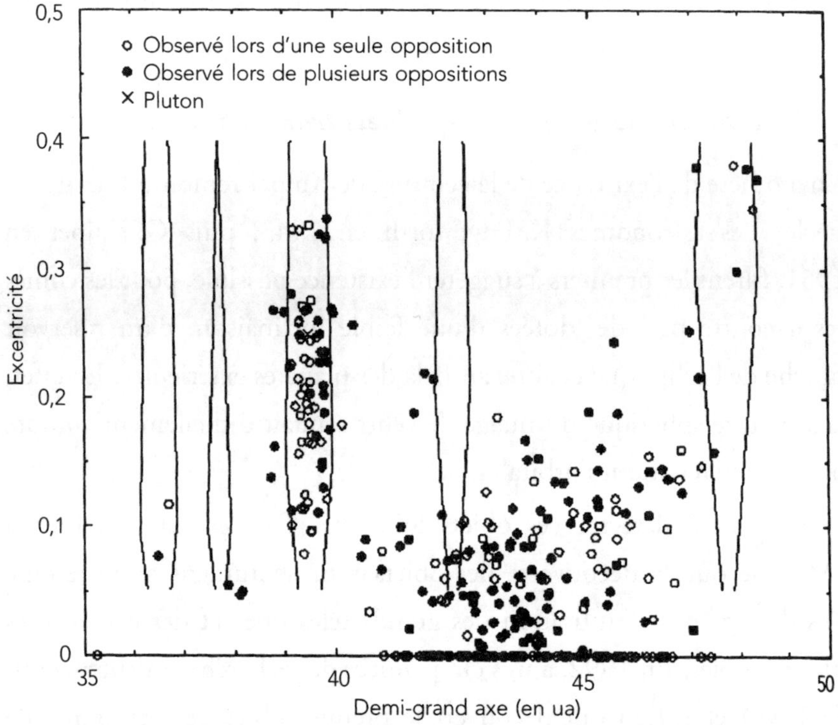

Figure 6.7

Excentricités des objets transneptuniens (TNOs) en fonction de leur distance moyenne au Soleil, exprimée par le demi-grand axe de leur orbite. Les objets diffusés ne sont pas représentés. De nombreux objets sont dotés d'une orbite circulaire ; ce sont ceux qui sont situés sur l'axe des abscisses. Les traits verticaux indiquent les principales zones de résonance avec Neptune (c'est-à-dire que le rapport de leur période à celle de Neptune est celui de deux nombres entiers). La distance héliocentrique de 39,4 UA correspond à résonance 3:2 ; on y trouve Pluton et la famille des plutinos. (© T. Encrenaz *et al.*, *Le système solaire*, EDP-Sciences/CNRS-Éditions, 2003) tale stable). Notre neuvième planète n'est donc que le représentant le plus massif de cette classe d'objets. Quant à la dernière catégorie, elle regroupe les objets dits « diffusés », qui se caractérisent par une grande distance héliocentrique avec un périhélie au-delà de l'orbite de Neptune et une forte excentricité.

Qu'y a-t-il au-delà de la ceinture de Kuiper ? Ce n'est pas encore le vide total, comme en témoigne la découverte, en 2003, d'un objet exceptionnel, particulièrement massif et lointain. Baptisé Sedna, il évolue à des distances héliocentriques comprises entre 76 et presque 1 000 UA, et son diamètre dépasse 1 500 km. Preuve s'il en était besoin que nous n'avons pas encore atteint les ultimes frontières du système solaire...

b) Centaures, TNOs et comètes

Il existe une catégorie d'astéroïdes, particulièrement éloignés du Soleil, qui se rapproche des TNOs : les centaures. Dotés d'une forte excentricité, ils évoluent à des distances héliocentriques proches de celles des planètes géantes. Lorsqu'ils passent au périhélie, ils sont donc plus facilement observables que les TNOs et on peut étudier leur composition chimique. On pense que les centaures sont d'anciens TNOs dont l'orbite a été modifiée suite aux perturbations gravitationnelles induites par les planètes géantes. On connaît actuellement plusieurs dizaines de centaures, dont le diamètre est compris entre quelques dizaines et quelques centaines de kilomètres. Fait remarquable, on a découvert sur l'un d'entre eux, Chiron, les signes d'une activité cométaire. Des centaures aux objets transneptuniens et aux comètes à courte période, il n'y aurait donc qu'un pas...

Les TNOs sont des objets trop faibles pour qu'on puisse en mesurer le spectre. En revanche, on peut mesurer leur flux dans différentes bandes spectrales larges des domaines visible et infrarouge proche. Leurs caractéristiques spectrales semblent voisines de celles des centaures, ce qui renforce l'hypothèse d'une origine commune. La spectroscopie des centaures a mis en évidence, dans certains cas, les signatures spectrales de la glace d'eau, du méthanol ainsi que de composés organiques.

Les objets transneptuniens peuvent être considérés comme les restes fossiles du nuage protosolaire qui a donné naissance au système solaire il y a 4,6 milliards d'années. Il est donc raisonnable de penser que l'équivalent de la ceinture de Kuiper pourrait exister autour d'autres systèmes stellaires. L'exploration des TNOs ne fait que commencer et les années à venir devraient nous apporter de nombreuses découvertes, et conduire à une nouvelle vision des frontières du système solaire.

6.4 La poussière interplanétaire

L'espace interplanétaire contient des grains et blocs rocheux de toutes tailles, que nous pouvons observer à l'œil nu lorsque, pris dans le champ de gravitation de la Terre, ils se manifestent sous forme de météorites ou d'étoiles filantes. On pense aujourd'hui que les premiers, dont la masse initiale est supérieure au kilogramme, sont issus d'astéroïdes, tandis que les seconds – des grains interplanétaires, de dimension voisine du micromètre – seraient d'origine cométaire.

Le nombre de particules présentes dans le milieu interplanétaire est d'autant plus élevé que leurs dimensions sont petites. La masse totale de matière extraterrestre interceptée par la Terre chaque année est de l'ordre de plusieurs dizaines de milliers de tonnes, auxquelles contribuent environ 10 000 météorites de masse supérieure au kilogramme. Certains peuvent atteindre des masses colossales, comme celui qui fut responsable de Meteor Crater (figure 6.8) en Arizona et dont on évalue la masse à 65 000 tonnes. On estime cependant qu'un objet de cette

Figure 6.8
Le Meteor Crater, en Arizona, a un diamètre de 1 200 mètres et une profondeur de 175 mètres. C'est l'un des plus grands cratères connus. (© D. Roddy/USGS)

taille ne rencontre la surface de la Terre que tous les 25 000 ans environ. De tels impacts peuvent avoir un rôle capital dans l'évolution d'une planète car la matière projetée dans l'atmosphère se met en orbite, faisant ainsi écran entre le Soleil et la surface, ce qui peut modifier profondément le climat pendant plusieurs années. Il n'est pas impossible (mais ce n'est pas prouvé) qu'un tel événement ait été à l'origine de l'extinction d'un grand nombre d'espèces animales, en particulier celle des dinosaures à la fin du crétacé, il y a environ 65 millions d'années. Aujourd'hui, plusieurs milliers de météorites de toutes tailles ont été répertoriés, ce nombre ayant récemment fortement augmenté grâce aux fructueuses recherches menées en Antarctique et au Sahara.

a) Le nuage zodiacal

Quelle est l'origine de cette matière interplanétaire qui nous tombe du ciel ? Elle est en évidence dans le nuage zodiacal que l'on peut observer dans le plan de l'écliptique, et plus particulièrement dans la direction opposée au Soleil : la lumière solaire diffusée par les grains interplanétaires renvoie vers la Terre une faible lueur, aussi appelée *Gegenschein.* Ce nuage zodiacal est essentiellement alimenté par les grains éjectés par les comètes périodiques lors de leur passage à proximité du Soleil. Ces poussières restent pour la plupart sur l'orbite de la comète. Lorsque la Terre rencontre cette orbite, on peut assister à une pluie d'« étoiles filantes » : il s'agit de ces poussières cométaires rentrant dans l'atmosphère terrestre et se volatilisant sous l'effet de l'échauffement induit par leur friction avec les gaz atmosphériques. C'est ainsi que la plupart des poussières interplanétaires, dont on pense qu'elles sont d'origine cométaire, n'arrive pas intacte sur Terre. Leur analyse en laboratoire étant cependant des plus précieuses, on a recours à des collectes, soit par avion stratosphérique, soit par mission spatiale, toute la difficulté consistant à ne pas polluer l'échantillon au cours de la collecte.

b) Les météorites

Pour qu'un échantillon de matière extraterrestre arrive jusque sur terre sans être complètement détruit, il faut que sa dimension au départ soit d'au moins une dizaine de centimètres. Plus l'objet est gros, moins il est ralenti dans l'atmosphère, et moins il est modifié par l'échauffement qu'il y subit. Les plus grosses météorites sont donc les échantillons les plus recherchés pour l'analyse en laboratoire de leur composition chimique. C'est ainsi que l'on a pu mettre en évidence l'analogie entre divers types de météorites et différentes classes d'astéroïdes, ce qui laisse à penser que les astéroïdes sont bien les corps parents des météorites (figure 6.9).

Figure 6.9

Fragment de météorite tombé en Australie en 1960. Sa composition chimique et minéralogique le rapproche de l'astéroïde Vesta, telle que nous la connaissons par les mesures de spectroscopie réalisées depuis la Terre. D'après les spécialistes, Vesta pourrait être le corps parent de la météorite. (© R. Kempton, New England Meteoritical Service, NASA-ESA)

L'analyse des météorites, couplée à celle des échantillons lunaires, est réalisée en laboratoire par spectrométrie de masse, une technique permettant de mesurer la quantité de chaque élément chimique présent dans l'échantillon (C, N, O, Mg, Fe…). Elle a permis une découverte de première importance : la datation du système solaire, à partir des éléments isotopiques radioactifs contenus dans les échantillons. En mesurant la quantité de ces éléments, et grâce à notre connaissance de la vitesse à laquelle ils se désintègrent, on peut évaluer la date à laquelle l'échantillon a été formé. Les principaux éléments utilisés sont les isotopes radioactifs du rubidium, du potassium et de l'uranium, qui se désintègrent respectivement en strontium, en argon et en plomb. On est ainsi arrivé à la conclusion que la Terre, la Lune et les corps parents des météorites se sont condensés simultanément, à dix millions d'années près, il y a 4,55 milliards d'années.

D'autres éléments radioactifs, se désintégrant plus rapidement, apportent également des informations sur la composition chimique de la nébuleuse solaire primitive et les premiers stades de formation planétaire. C'est en particulier le cas de l'iode, qui se désintègre en xénon avec une période de l'ordre de dix millions d'années. L'analyse de ces éléments apporte une information sur le temps intervenant entre la formation du nuage primordial et l'apparition des corps planétaires.

Ces résultats spectaculaires, acquis au cours des trente dernières années, ont illustré le succès des méthodes d'analyse isotopique par spectrométrie de masse en laboratoire pour la datation des objets du système solaire. C'est pourquoi les planétologues rêvent aujourd'hui de collecter des échantillons d'autres objets plus lointains, pour pouvoir y appliquer les mêmes techniques. Deux grands projets de ce type sont en chantier : d'une part, la collecte d'un échantillon cométaire par la mission américaine Stardust, qui est passée à proximité de la comète Wild 2 en janvier 2004 et dont le retour sur la Terre est prévu pour 2006 ; d'autre part, à plus long terme, le retour d'échantillons martiens, qui s'inscrit dans la perspective du grand programme spatial international d'exploration de Mars et qui devrait se poursuivre et s'amplifier au cours des prochaines décennies.

Chapitre 7
La vie sur la Terre, et ailleurs

Le bref voyage que nous venons d'effectuer dans le système solaire nous amène à un constat simple : nous n'avons rencontré aucune trace évidente de vie sur aucun des objets que nous avons explorés, qu'il s'agisse des planètes, des satellites et des comètes. Sommes-nous donc seuls dans le système solaire ? À défaut de pouvoir répondre à cette question, nous pouvons nous en poser d'autres plus simples, dont la réponse nous permettra de progresser vers une solution. L'une d'entre elles peut se formuler ainsi : « comment la vie est-elle apparue sur la Terre ? ». Si nous avions la réponse, nous pourrions alors rechercher dans l'Univers les sites où l'apparition de la vie paraît possible.

Avant d'engager une discussion sur une éventuelle vie extraterrestre, il nous faut cependant préciser ce dont il est question. Qu'appelons-nous la vie ? À mesure qu'ont progressé les recherches sur les premières formes de vie terrestres, les biologistes ont été amenés à définir des critères représentatifs de la matière vivante. Les trois fonctions suivantes ont été reconnues par la communauté scientifique : auto-reproduction ; évolution et mutation ; autorégulation face au milieu ambiant.

Les premiers concepts d'une évolution chimique vers le vivant datent des années 1920, lorsque Alexandre Oparin fit le premier l'hypothèse que des micro-organismes pouvaient apparaître au terme d'une longue série de transformations faisant intervenir des molécules organiques complexes, le tout dans un milieu hydrogéné. Les premières expériences de laboratoire furent réalisées en 1953 par Stanley Miller et Harold Urey (figure 7.1), qui réussirent la synthèse d'acides

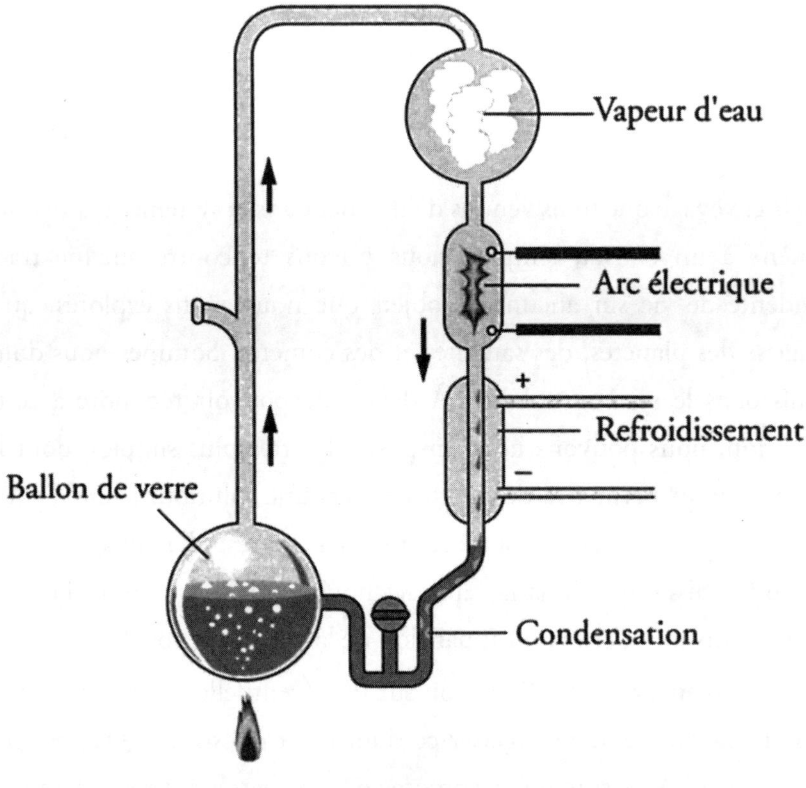

Figure 7.1

Schéma de l'appareil utilisé par Stanley Miller pour réaliser la synthèse de molécules organiques complexes à partir d'un mélange gazeux d'hydrogène, de méthane, d'ammoniac et de vapeur d'eau en présence d'eau liquide, lorsque le système est soumis à des décharges électriques. Par la suite, des résultats similaires furent obtenus avec différentes sources d'énergie (rayonnement UV intense ou flux de particules énergétiques). Cette expérience historique a démontré la possibilité de développer une chimie prébiotique à partir de molécules simples (d'après Ph. de la Cotardière, *Astronomie*, Larousse, 1989).

aminés à partir d'un mélange d'hydrogène, de méthane et d'ammoniac soumis à des décharges électriques. Cette expérience ouvrit la voie à d'importantes et fructueuses recherches en laboratoire, qui toutes conclurent à la possibilité de synthétiser des molécules organiques complexes à partir de mélanges gazeux simples en présence d'eau liquide, grâce à l'apport énergétique du rayonnement ultraviolet ou de décharges électriques.

Les implications de ces découvertes prirent toute leur dimension lorsque, à partir des années 1970, des hydrocarbures et des nitriles furent découverts dans des milieux astrophysiques très divers : milieu interstellaire, atmosphères planétaires, puis atmosphère du satellite Titan, et enfin atmosphères cométaires. Il fallut alors admettre que la synthèse de molécules complexes n'était pas un phénomène exceptionnel dans l'Univers. On sait donc maintenant reconnaître les sites possibles d'éclosion d'une chimie prébiotique, susceptible de conduire à la formation de molécules de plus en plus complexes, jusqu'aux bases de l'ADN. Insistons cependant sur le fait que l'apparition de la vie proprement dite reste inexpliquée : le passage de la chimie prébiotique au vivant n'a jamais été observé, ni au laboratoire, ni dans aucun milieu astrophysique extraterrestre. Le mystère de l'apparition de la vie reste donc entier.

7.1 Des traces de vie fossile sur Mars ?

Puisque la vie est apparue sur la Terre, pourrait-elle avoir été présente aussi sur les planètes voisines ? Oublions Mercure et Vénus, aux conditions trop hostiles, et portons toute notre attention vers Mars. Depuis la découverte des prétendus « canaux » de Schiaparelli à la fin du XIXe siècle et la polémique qui s'en suivit, la question n'a cessé de passionner les astronomes. C'est elle qui fut à l'origine de l'ambitieuse mission spatiale Viking, qui avait pour but de rechercher des traces d'activité biologique martienne. Le résultat, on le sait, fut négatif : aucune molécule organique ne fut détectée à la surface de Mars. Il est vraisemblable que la synthèse de macromolécules y est inhibée par l'intense irradiation due au rayonnement ultraviolet solaire. Il faut noter toutefois que seuls deux sites martiens, exposés au rayonnement solaire, ont été analysés. On ne peut pas exclure pour l'instant le développement de molécules complexes dans des sites plus protégés, par exemple à proximité des calottes polaires ou sous la surface.

La recherche de formes de vie martienne, passée ou présente, est l'un des objectifs majeurs de l'exploration spatiale de la planète Mars. Témoin de l'engouement du public pour cette quête, l'annonce de la découverte de possibles traces de vie dans la météorite ALH84001, présumée d'origine martienne, défraya quelque temps la chronique à la fin des années 1990. Les chercheurs interprétèrent en effet plusieurs caractéristiques, et notamment des structures ressemblant à des nanobactéries, comme les signatures d'une vie fossile, mais il est aujourd'hui généralement admis que cette hypothèse biologique n'est pas nécessaire pour rendre compte des phénomènes observés. Plus prudemment, les chercheurs s'orientent actuellement sur la recherche de sites martiens ayant pu receler de l'eau liquide. Nous ne savons pas si la présence d'eau liquide constitue une condition suffisante à l'éclosion de la vie, ni même si cette condition est nécessaire, mais nous savons au moins que l'eau liquide a joué un rôle décisif dans l'apparition de la vie sur la Terre, et qu'elle est aussi un élément essentiel dans le développement de la chimie prébiotique. Dans le cas de Mars, les indices affluent qui suggèrent la présence passée d'eau liquide sur la surface : réseaux de vallées (figure 7.2), traces d'écoulement… Il se pourrait même qu'un océan d'eau liquide ait recouvert la partie nord de la planète aux premiers âges de son histoire ! Pour les exobiologistes, Mars constitue, de toute évidence, une cible de première importance.

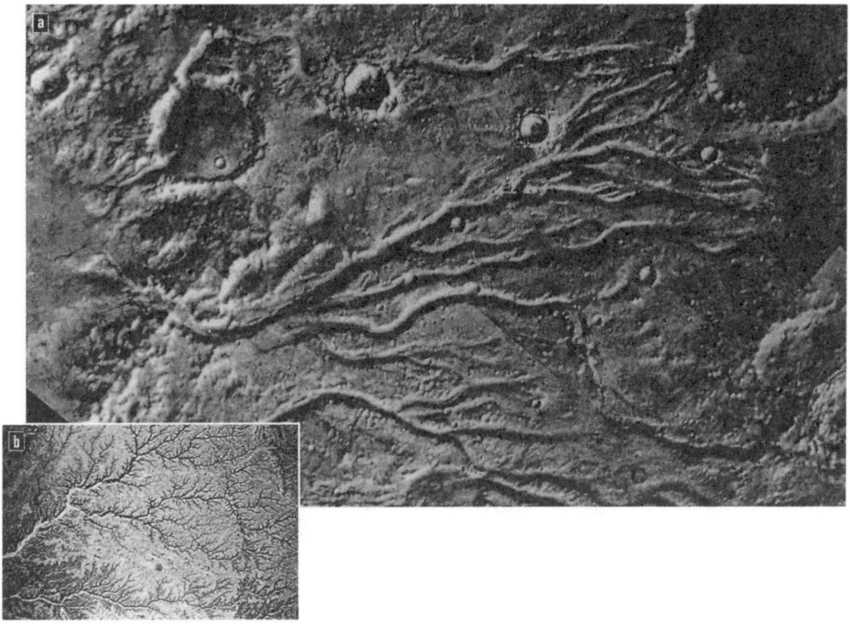

Figure 7.2
(a) Un réseau martien de vallées ramifiées (près de Chryse Planitia), comparé à **(b)** un réseau de vallées desséchées du plateau Hadramaout dans le Yémen. La dimension de chaque image est d'environ 100 km. (© NASA, et F. Forget *et al.*, *La planète Mars*, Belin, 2003)

7.2 Un océan liquide sous Europe ?

Tournons-nous vers d'autres objets plus lointains. D'après les modèles théoriques, quatre des satellites galiléens, Io, Europe, Ganymède et Callisto, en orbite autour de Jupiter, sont constitués d'un noyau silicaté recouvert d'eau sous forme solide ou liquide. Io, le plus proche de Jupiter, s'est formé à une température trop élevée pour que l'eau y ait été conservée. Pour les exobiologistes, Europe est le candidat le plus intéressant, car du fait de sa proximité de Jupiter et des effets de marée dont il est l'objet, il pourrait contenir un océan liquide interne, à proximité relative de la surface. Les images spectaculaires prises par les sondes Voyager puis Galileo (figure 7.3) nous ont en effet révélé une surface de glace couverte de plaques striées qui semblent reposer sur un milieu plus dense, visqueux voire liquide, probablement constitué d'eau salée. Comment sonder l'océan profond d'Europe ? À défaut de forer la croûte de glace externe, dont l'épaisseur pourrait atteindre

Figure 7.3
La surface d'Europe a frappé les planétologues par sa structure abondamment striée par des fractures, souvent dédoublées, qui se chevauchent. Les paires de stries, séparées par une vallée profonde, évoquent des fissures dans la couche extérieure de glace, par lesquelles de l'eau liquide ou de la glace fluide pourrait s'échapper. Ces observations pourraient s'interpréter par la présence d'un milieu aqueux fluide sous la surface glacée. (© NASA)

plusieurs dizaines de kilomètres, les scientifiques envisagent une mission de reconnaissance en orbite autour du satellite, qui permettra dans un premier temps de confirmer l'existence de cet océan et d'en mesurer alors la profondeur. Pour les exobiologistes, Europe sera sans doute l'une des cibles privilégiées de l'exploration planétaire future.

7.3 Des molécules prébiotiques qui nous tombent du ciel

Où chercher des traces de vie prébiotique dans le système solaire ? On commencera tout naturellement par inspecter les échantillons qui nous proviennent de la Lune et des météorites. Dans le cas des échantillons lunaires, la concentration en carbone est élevée, mais celui-ci n'est présent que sous forme de molécules organiques simples, essentiellement le gaz carbonique CO_2. Comme dans le cas de Mars, l'intense rayonnement ultraviolet solaire rend impossible le développement d'une chimie organique à la surface lunaire.

Le résultat est beaucoup plus positif du côté de certaines météorites riches en carbones : leur analyse a montré la présence de nombreuses molécules complexes, en particulier des acides aminés dont l'origine est vraisemblablement extraterrestre. La synthèse de molécules prébiotiques est donc possible ailleurs que sur Terre… D'où viennent les météorites carbonées ? On leur attribue pour parents des astéroïdes primitifs, formés à l'extérieur de la ceinture principale des astéroïdes. Pourraient-ils avoir été, avec les comètes, les véhicules ayant apporté sur la Terre les molécules prébiotiques qui évoluèrent ensuite vers le vivant ? L'hypothèse est plausible ; elle a en tout cas peu à peu supplanté l'ancien concept de panspermie, couramment répandu au début du XXe siècle, qui supposait que la matière vivante avait été directement apportée sur la Terre par des météorites sous forme de micro-organismes.

Avec les astéroïdes, les comètes constituent elles aussi un réservoir de molécules prébiotiques susceptibles d'avoir été apportées sur la Terre par des micrométéorites. Certes, nous n'y avons pas encore détecté d'acides aminés, mais des molécules organiques complexes y ont été découvertes. Citons à titre d'exemple la détection de l'acide cyanhydrique HCN, du formaldéhyde H_2CO, du méthanol CH_3OH, de l'acide formique HCOOH, du cyanoacétylène HC_3N et de bien d'autres molécules organiques, sans compter les nombreux hydrocarbures complexes – dont la formule chimique exacte reste à définir – qui ont été détectés par spectrométrie de masse dans les phases gazeuse et solide de la comète de Halley. La composition chimique des comètes étant, selon toute vraisemblance, analogue à celle de la matière interstellaire, il est tout à fait possible que les comètes renferment, en de minimes quantités qu'il reste à détecter, les hydrocarbures et les nitriles déjà observés dans les nuages interstellaires denses. Il appartiendra aux missions spatiales futures, Stardust puis Rosetta, de rechercher, entre autres objectifs, ces macromolécules cométaires.

7.4 Titan : un laboratoire de chimie prébiotique

Autre terrain de choix pour les exobiologistes : le satellite Titan. Comme l'a révélé la mission Voyager en 1980, son atmosphère contient des hydrocarbures et des nitriles, certains d'entre eux (acide cyanhydrique HCN, cyanogène C_2N_2, cyano-acétylène HC_3N) appartenant à une chaîne prébiotique. L'acide cyanhydrique a été également observé sur Jupiter et Neptune, mais là s'est arrêtée la recherche de molécules complexes sur les planètes géantes. Contrairement à ces deux planètes géantes, Titan a l'avantage de posséder une surface, et peut-être des lacs ou des océans susceptibles d'abriter les étapes ultérieures de l'évolution prébiotique. En revanche, sa basse température doit avoir pour effet de ralentir considérablement toutes les réactions chimiques. Quoi qu'il en soit, il s'agit là d'un passionnant sujet d'étude pour la mission européenne Cassini, et plus particulièrement pour la sonde Huygens, qui a envoyé les premières images de la surface de Titan au début de l'année 2005.

7.5 Conclusion sur la recherche de la vie

En conclusion, notre recherche au voisinage du Soleil nous a appris qu'il n'y a pas trace de matière vivante évoluée dans le système solaire en dehors de la Terre. En revanche, nous avons pu identifier un site (la planète Mars) où l'eau liquide a pu exister dans le passé, et un autre site (Europe) où elle pourrait exister en sub-surface, créant – peut-être – des conditions favorables à l'éclosion de la vie. Enfin, avec les météorites et les comètes, nous avons trouvé des sites où, comme dans le milieu interstellaire, la synthèse de molécules organiques complexes est possible. Comment la vie est-elle apparue sur la Terre ? Peut-être les premiers acides aminés ont-ils été synthétisés dans les océans ; peut-être ont-ils été apportés par les météorites et les comètes. Quant à l'étape suivante, le passage du prébiotique au vivant, elle reste un mystère…

Chapitre 8
L'exception ou la règle ?

Le système solaire nous fascine pour de multiples raisons. Dans l'immensité du cosmos, il constitue notre environnement immédiat ; il est, en quelque sorte, l'intermédiaire entre la planète Terre et l'Univers, le premier maillon qui nous lie aux étoiles. Son étude peut fournir des éléments de réponse à de nombreuses questions, qui concernent notre planète – grâce à l'étude comparative des différentes planètes du système solaire – mais aussi la physique stellaire, l'histoire de la vie et de la mort des étoiles – grâce à l'étude de cette étoile privilégiée qu'est le Soleil – et, au delà, l'origine de l'Univers – grâce à l'étude de la matière primitive du système solaire et de sa composition chimique.

Nous pouvons ainsi définir plusieurs niveaux d'étude qui nous feront passer de la planète à l'Univers. Mais à chaque étape de notre parcours, nous serons amenés à nous poser une question cruciale : dans quelle mesure le système solaire est-il représentatif du reste de l'Univers ? Le Soleil est-il vraiment, comme les astronomes le pensent aujourd'hui, une étoile des plus banales parmi les quelque cent milliards d'étoiles peuplant notre Galaxie ? Si oui, combien de systèmes planétaires analogues au nôtre existe-t-il autour de ces étoiles ? Si la formation de planètes est un phénomène classique et courant dans le processus de formation stellaire, alors combien de « Terres », analogues à notre planète, inaccessibles à l'observation avec les moyens techniques actuels, voyagent dans notre Galaxie et au-delà ? Et si de tels objets existent, sur combien d'entre eux la vie a-t-elle pu se développer ? Enfin, ultime question, si la vie extraterrestre existe vraiment au-delà du système solaire, est-il concevable que nous puissions un jour entrer en contact avec l'une de ces civilisations ?

À ces questions essentielles, les astronomes sont restés longtemps sans réponse, mais la dernière décennie a été le moment d'une véritable révolution. En moins de dix ans, plus d'une centaine de planètes ont été découvertes en orbite autour d'étoiles proches du Soleil, voisines tant par leur distance que par leurs caractéristiques. On appelle ces nouveaux objets des « exoplanètes ». Autre surprise de taille, ces exoplanètes ne ressemblent en rien à ce que l'on pouvait attendre : alors que dans le système solaire, les planètes géantes sont les plus éloignées, un très grand nombre d'exoplanètes géantes (c'est-à-dire dont la masse est comparable ou supérieure à celle de Jupiter) sont situées à proximité immédiate de leur étoile, dont elles font le tour en quelques jours seulement ! Comment ces découvertes sont-elles devenues possibles et que nous apprennent-elles sur le système solaire et sur les systèmes stellaires voisins ? Pouvons-nous un jour espérer détecter des exoplanètes qui ressemblent à la Terre ? Si oui, serons-nous alors en mesure d'y rechercher des traces de vie ? Avant de décrire dans le dernier chapitre de cet ouvrage cette recherche en plein essor, arrêtons-nous sur ce que nous apprennent les étoiles qui nous entourent.

8.1 Le système solaire dans l'univers

a) Les échelles de distance

Avant de franchir les limites du système solaire et de nous tourner vers les étoiles voisines, il nous faut le replacer dans son contexte, celui d'un Univers peuplé de galaxies. Fixons tout d'abord les échelles de distance. Nous avons vu qu'au sein du système solaire, l'étalon est l'unité astronomique (UA), distance moyenne de la Terre au Soleil. Pour estimer les distances des étoiles qui nous entourent, il faut changer d'unité. On utilise alors l'année-lumière (al), distance parcourue par la lumière en un an, ou le parsec* (pc), distance depuis laquelle une longueur de 1 UA est vue sous un angle d'une seconde d'arc. Du fait de la révolution de la Terre autour du Soleil, une étoile située à 1 pc décrit sur le ciel une petite ellipse dont le demi-grand axe est de 1 seconde d'arc. L'étoile la plus proche, Proxima du Centaure, est située à 1,3 pc (soit 4,2 al).

b) L'Univers lointain

Le Soleil est situé sur le bord d'un vaste ensemble d'étoiles, appelé la Galaxie, réparties pour la plupart en un disque : c'est la Voie lactée, cette traînée d'étoiles que nous voyons la nuit. Le Soleil est situé à 8 kpc du centre de la Galaxie, dont le rayon est de 13 kpc. Notre Galaxie présente une structure en spirale que l'on observe aussi sur d'autres galaxies (figure 8.1). Les galaxies les plus proches forment le groupe local*, qui s'étend jusqu'à 800 kpc. Au-delà, les galaxies extérieures présentent une grande variété d'aspect, allant de la spirale à l'ellipse. De plus, elles présentent une propriété spectaculaire, mise en évidence par l'astronome américain Edwin Hubble : elles s'éloignent d'autant plus vite qu'elles sont éloignées. C'est la preuve que l'Univers est en expansion. C'est aussi l'une des justifications du modèle du Big Bang*, qui est aujourd'hui, en dépit des questions encore ouvertes, le modèle de l'origine de l'Univers qui rend le mieux compte de l'ensemble des phénomènes observés. Selon ce modèle, l'Univers est né il y a environ 13 milliards d'années au sein d'une explosion initiale et s'est ensuite refroidi de façon adiabatique, entraînant la formation des noyaux, puis des atomes d'hydrogène et d'hélium, puis la formation des premières étoiles et des premières galaxies.

Figure 8.1
Une galaxie spirale (NGC 4565) dans la constellation de Coma Berenice. Notre Galaxie, vue par un observateur éloigné situé dans son plan, présenterait le même aspect. (© Finley Holiday Film Co.)

8.2 Vie et mort des étoiles

On peut établir une classification des étoiles qui nous entourent par la mesure de leur brillance et l'observation de leur spectre, qui nous renseignent respectivement sur leur masse (leur distance étant connue par ailleurs) et leur température. On a pu ainsi reconstituer les grandes étapes de l'évolution des étoiles, qui varie en fonction de la masse initiale de l'étoile : sa durée de vie est d'autant plus courte qu'elle est massive.

Considérons une étoile dont la masse est proche de celle du Soleil, et dont les caractéristiques spectrales sont voisines. Elle est née au sein d'un nuage riche en poussières qui s'est effondré en un disque protoplanétaire* (de tels disques ont été observés fréquemment autour des étoiles voisines du Soleil). Elle est ensuite entrée dans une longue période (plusieurs milliards d'années) au cours de laquelle elle brûle l'hydrogène qu'elle contient pour le transformer en hélium. Viendra alors la seconde phase, au cours de laquelle l'hélium sera lui-même transformé en carbone, en oxygène et en azote. Si la masse de l'étoile est comparable à celle du Soleil, l'étoile deviendra une géante rouge. Son enveloppe extérieure sera finalement éjectée pour former une nébuleuse planétaire (figure 8.2) tandis que le cœur de l'étoile s'effondrera pour former une naine blanche*. C'est le sort qui attend le Soleil dont le destin est programmé : il mourra dans environ 5 milliards d'années. Si l'étoile est plus massive, elle évoluera alors en supergéante rouge, puis explosera en supernova*, la combustion du carbone et de l'oxygène produisant la synthèse d'éléments lourds (magnésium, silicium, métaux…). C'est lors de l'éruption de supernovas qu'ont été constitués les atomes des éléments lourds qui existent partout dans l'Univers, et particulièrement sur Terre.

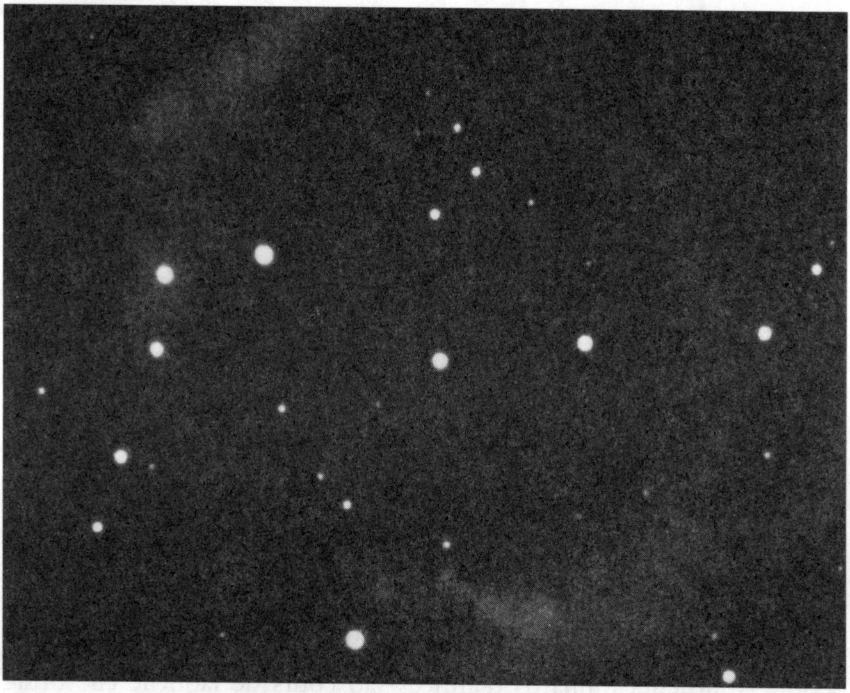

Figure 8.2
La nébuleuse de l'Hélice (NGC 7293), dans la constellation du Verseau, est la nébuleuse la plus proche de la Terre. Elle doit son nom à la forme spiralée des filaments éjectés par l'étoile centrale lorsqu'elle s'est transformée en géante. Les nébuleuses planétaires représentent le stade ultime de nombreuses étoiles en fin de vie. (© Finley Holiday Film Co.)

La formation stellaire

Revenons aux premiers stades de formation stellaire. L'effondrement d'un fragment de nuage moléculaire (figures 8.3 et C.15) est sans doute le mécanisme de formation le plus courant. Il donne lieu à la formation d'une protoétoile par contraction de la partie centrale du disque, et à celle d'un disque protoplanétaire au sein duquel pourront se former les planètes. L'existence de ces disques a d'abord été suggérée, en 1983, par le satellite IRAS qui a détecté leur émission infrarouge, caractéristique de la présence d'une enveloppe relativement froide (de

Figure 8.3
La nébuleuse de la Tête de cheval, dans la nébuleuse d'Orion. Elle doit son nom à sa forme caractéristique, due à la présence d'un nuage de poussières qui obscurcit le champ de vue. C'est au sein de tels nuages que se forment les étoiles. (© Finley Holiday Film Co.)

quelques centaines de kelvins) autour de l'étoile, beaucoup plus chaude. Il a ensuite été possible d'obtenir des images directes de ces disques. Le plus célèbre d'entre eux est celui de l'étoile β-Pictoris, découvert en 1984 (figure C.16). D'autres ont été ensuite mis en évidence, notamment par le télescope spatial Hubble.

À mesure que la protoétoile grossit, sa température augmente, jusqu'à devenir suffisante (quelques millions de degrés) pour provoquer le déclenchement des premières réactions nucléaires. Cette période est caractérisée par des vents stellaires* violents qui ont pour effet d'éjecter la matière vers l'extérieur, en particulier le long de flots bipolaires alignés avec l'axe de rotation de l'étoile. Cette phase est importante pour les protoplanètes en formation dans le disque, car elle apporte un frein à leur accrétion, les petites particules environnantes étant balayées vers l'extérieur. Il semble que le Soleil ait connu une telle phase, qui s'est traduite par un bombardement intensif de la surface des corps dénués d'atmosphère.

Entre étoiles et planètes, les naines brunes

Qu'arrive-t-il à une protoétoile qui n'atteint pas la masse critique pour que se déclenchent les réactions nucléaires qui, en permettant la conversion de l'hydrogène en hélium et en éléments plus lourds, feront d'elle une véritable étoile ? Les modèles de nucléosynthèse stellaire prédisent que si la masse de l'objet est inférieure à 74 M_J (où M_J est la masse de Jupiter, soit 0,08 fois celle du Soleil), alors la température au centre n'atteint pas la dizaine de millions de degrés nécessaire au déclenchement de l'ensemble des réactions. Seules peuvent intervenir les toutes premières réactions par lesquelles le deutérium se transforme en hélium. Une fois ce cycle terminé (après une dizaine de millions d'années), la nucléosynthèse s'interrompt et l'objet se refroidit lentement : la protoétoile est devenue une naine brune*. Sa température est alors, selon les modèles, de l'ordre de quelques centaines à 2 000 K.

Les naines brunes ont fait l'objet d'une intense campagne d'observation au cours des dix dernières années. On les soupçonnait en effet de pouvoir constituer, au moins pour partie, la masse noire de l'Univers, celle que mettent en évidence, notamment, les courbes de rotation de la Galaxie, qui indiquent un champ de gravité bien supérieur à celui correspondant aux seules étoiles visibles. Mais les tentatives de détection ont été négatives, à quelques exceptions près (dont celle de la naine brune Gliese 229B, découverte à proximité d'une étoile).

Si la masse de la protoétoile est inférieure à 13 M_J, alors même le premier cycle de transformation du deutérium en hélium ne peut avoir lieu. Notre objet répond alors à la définition d'une planète (ou d'une exoplanète), c'est-à-dire qu'il n'émet pas de rayonnement visible par lui-même. S'il est situé à proximité d'une étoile, il réfléchit la lumière de celle-ci, ce qui est le cas des planètes que nous connaissons. Nous voyons que cette nouvelle définition des exoplanètes est plus large que notre définition étymologique, selon laquelle les planètes sont des « astres errants », dont le mouvement est régi par la présence d'une étoile proche. Par conséquent, rien n'exclut *a priori* que des exoplanètes existent en dehors de systèmes stellaires.

Mais revenons aux exoplanètes « classiques », c'est-à-dire celles que l'on recherche à proximité d'une étoile. C'est là le lieu le plus favorable pour leur formation, car elles peuvent ainsi accréter la matière du disque entourant la jeune étoile lorsqu'elle se forme. Nous l'avons vu, de nombreux disques protoplanétaires ont été détectés au cours des vingt dernières années ; il ne restait plus qu'à mettre en évidence les planètes formées en leur sein. Ce fut chose faite en 1995, date à partir de laquelle les premières exoplanètes entourant des étoiles de type solaire furent découvertes, ce qui constitua bien entendu une véritable révolution pour ce domaine de recherche.

8.3 Les nouvelles planètes

La question de l'existence de mondes habités extérieurs au système solaire ne date pas d'hier. Nombre de philosophes et de scientifiques se la sont posée depuis l'Antiquité, et plus encore suite à la révolution copernicienne qui plaça définitivement le Soleil au centre de son système. Puisque le Soleil n'est qu'une étoile parmi des centaines de milliers d'autres de notre Galaxie, pourquoi celles-ci ne seraient-elles pas elles aussi entourées d'un cortège planétaire ?

a) 51 Peg B et les autres…

L'idée de l'existence de planètes extrasolaires* était donc dans l'air, mais il restait à les découvrir. Comment détecter un objet de luminosité très faible, situé à proximité immédiate d'une étoile brillante ? La lumière visible qu'elle émet n'est que la lumière stellaire qu'elle nous réfléchit, et celle-ci est négligeable devant le flux stellaire direct.

C'est pourquoi les astronomes ont mis au point une autre méthode, basée sur le mouvement du système constitué par l'étoile et sa planète. Les deux objets tournent en effet autour de leur centre de gravité commun qui, lui, reste immobile ; si la planète est suffisamment massive, on peut détecter un très petit mouvement de l'étoile elle-même, qui a la même période que celle de la planète. Il reste à mesurer ce très petit mouvement stellaire qui, s'il existe, traduit la présence d'une planète autour de l'étoile observée. La première technique consiste à mesurer très précisément la position de l'étoile par rapport aux étoiles voisines ; malgré de nombreuses tentatives au cours des dernières décennies, la précision des mesures s'est toujours avérée insuffisante pour la détection de planètes extérieures. La seconde technique, appelée vélocimétrie*, consiste à mesurer non pas le déplacement de l'étoile mais les fluctuations de sa vitesse radiale, c'est-à-dire sa vitesse par rapport à la Terre. À l'exception du cas défavorable où l'orbite planétaire serait vue de face par l'observateur (la vitesse radiale induite par le mouvement de l'étoile est alors nulle), on obtient aujourd'hui une précision suffisante pour détecter des planètes de masse comparable à celle de Jupiter autour des étoiles proches. Le cas le plus favorable est celui dans lequel l'observatoire observe l'orbite planétaire par la tranche : les vitesses radiales de l'étoile et de sa planète sont alors maximales.

C'est en 1995 que deux astronomes de l'Observatoire de Genève, Michel Mayor et Didier Queloz, annoncent la première découverte d'une planète autour d'une étoile de type solaire, 51 Pégase, située à une cinquantaine d'années-lumière (figure 8.4). La masse de la planète est la moitié de celle de Jupiter et, à la surprise générale, sa période de révolution n'est que de quatre jours ! Sa distance à l'étoile n'est en effet que de 0,05 UA.

La découverte de 51 Peg B n'a pas été le fruit du hasard, mais l'aboutissement d'une campagne entreprise plusieurs années auparavant, visant à mesurer systématiquement la vitesse radiale d'étoiles de type solaire et relativement proches. Plusieurs équipes s'y employaient activement, notamment celle de G. Marcy aux États-Unis, et à partir de 1995, les découvertes se sont succédé. Près de dix ans après la détection de 51 Peg B, plus de 130 planètes extrasolaires sont répertoriées. La plupart d'entre elles ont été détectées par vélocimétrie. Cependant, d'autres méthodes peuvent s'avérer fructueuses, comme la méthode des transits* (figure 8.5), qui consiste à observer continûment le flux de l'étoile en fonction du temps. Si une planète passe devant l'étoile (à la manière de Vénus devant le Soleil le 8 juin 2004), le flux de l'étoile est légèrement diminué. Encore faut-il que l'orbite de la planète soit observée par la tranche depuis la Terre, ce qui limite le nombre de candidats possibles.

b) Des planètes très étranges

Le nombre d'exoplanètes détectées est maintenant suffisant pour que nous puissions tenter de dégager leurs caractéristiques moyennes. Une

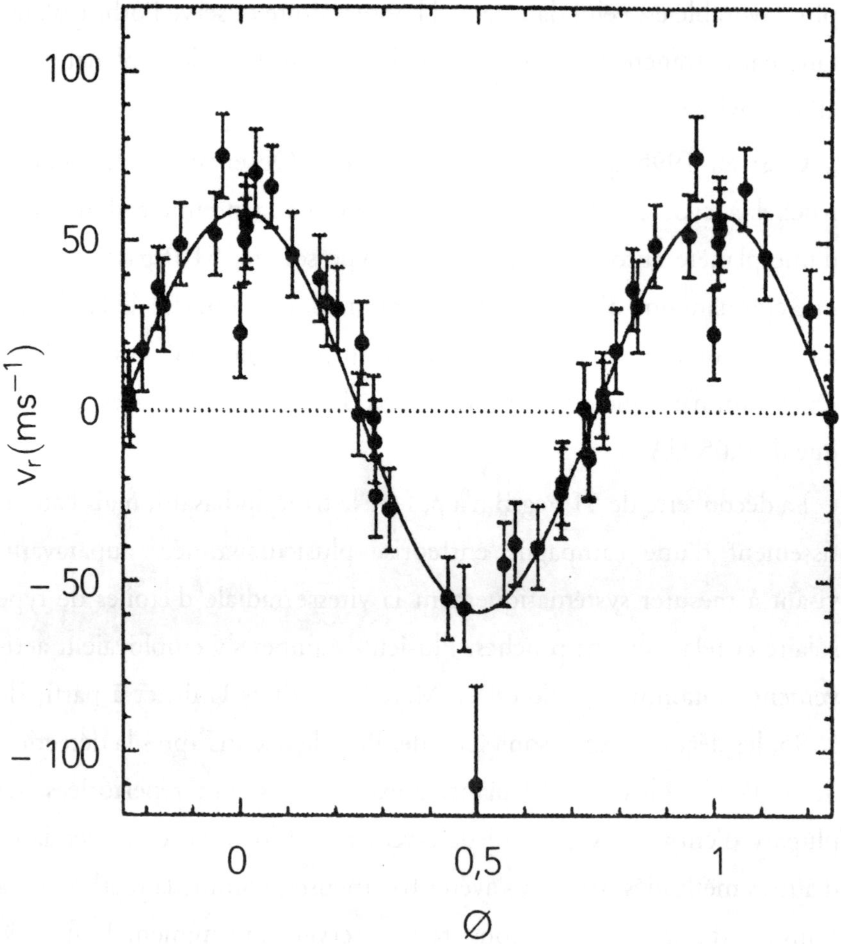

Figure 8.4
Courbe de la vitesse radiale de l'étoile 51 Peg, en fonction de la phase. La fluctuation périodique observée est due à la perturbation créée par la présence d'un compagnon. Le temps qu'il faut pour réaliser une phase complète est égal à celui que met le compagnon pour effectuer une révolution autour de l'étoile centrale (d'après M. Mayor et D. Queloz, *Nature*, 378, 355, 1995 ; © T. Encrenaz et al., *Le système solaire*, EDP-Sciences/CNRS-Editions, 2003).

première remarque s'impose : la technique de vélocimétrie actuellement utilisée ne permet pas de détecter les exoplanètes de type terrestre

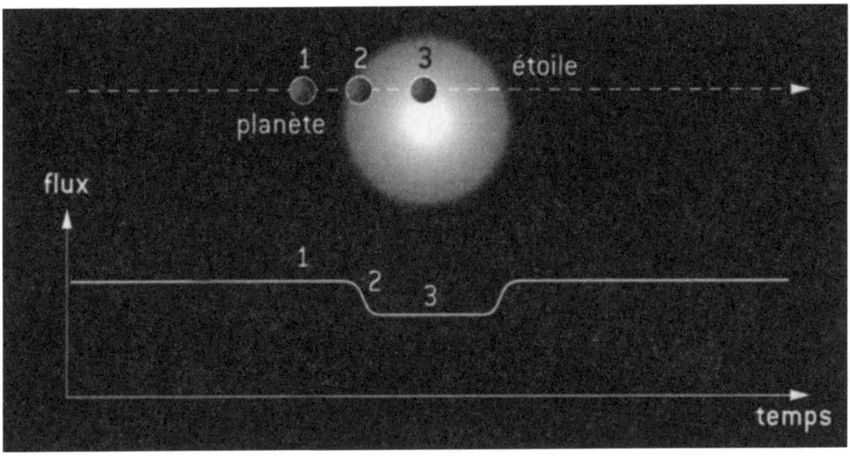

Figure 8.5
Détection d'une exoplanète par la méthode des transits. Si la Terre se trouve située dans le plan de l'orbite de l'exoplanète, celle-ci passe périodiquement devant son étoile centrale et ce passage provoque une faible diminution du flux de l'étoile. (© T. Encrenaz, *À la recherche de l'eau dans l'Univers*, Belin, 2004)

puisqu'elle nous limite à des planètes dont la masse est au moins comparable à la moitié de celle de Saturne (soit une cinquantaine de fois la Terre). L'univers des exoplanètes se limite donc pour nous à celui des exoplanètes géantes et nous n'avons aucune information à ce jour sur l'existence d'éventuelles « exoterres ». Notons aussi que les exoplanètes que nous connaissons ont nécessairement une période de révolution limitée à quelques années ; nous n'avons pas encore accès aux planètes géantes de type solaire, dont les périodes de révolution sont comprises entre douze et cent soixante ans.

Comment donc se caractérisent les exoplanètes géantes que nous connaissons ? Une première remarque saute aux yeux : comme 51 Peg B, la première exoplanète découverte, un grand nombre d'entre elles sont situées à proximité immédiate de leur étoile, à 0,04 ou 0,05 UA, avec une orbite quasi-circulaire (figure 8.6). Celles qui

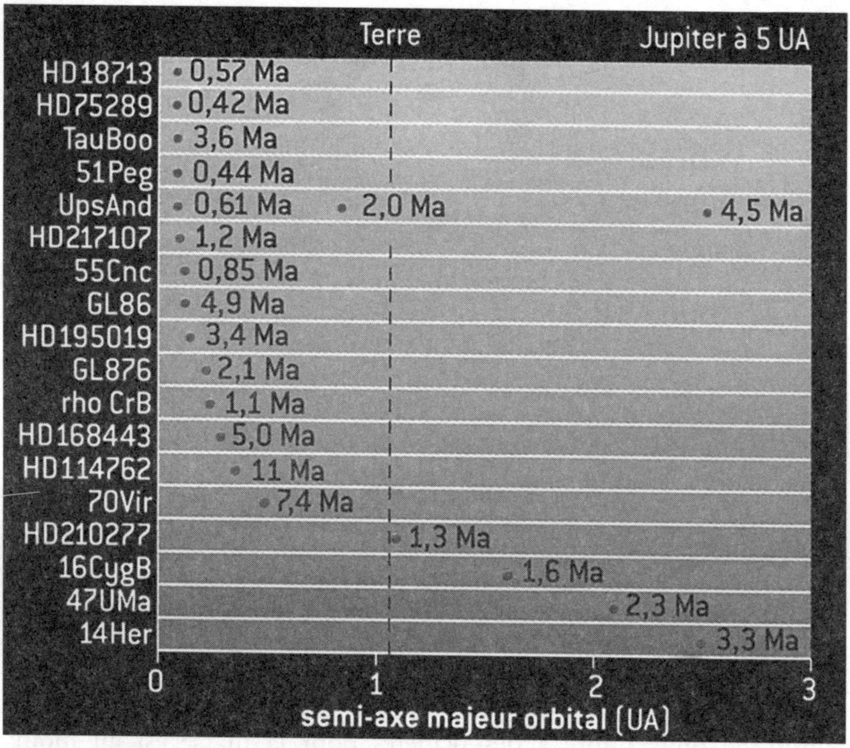

Figure 8.6

Schéma montrant les premières exoplanètes détectées en fonction de leur distance à leur étoile centrale, avec l'indication de leur masse (l'unité étant la masse de Jupiter). Notons que la méthode de vélocimétrie ne permet de déterminer qu'une limite inférieure de cette valeur. On voit que la plupart des objets se situent à proximité immédiate de leur étoile (moins de 0,1 UA). Les découvertes ultérieures n'ont fait que confirmer cette tendance. En octobre 2004, on connaissait environ cent trente exoplanètes. (© T. Encrenaz, *A la recherche de l'eau dans l'Univers*, Belin, 2004)

sont plus éloignées de leur étoile ont souvent des orbites très excentriques. Certaines étoiles se trouvent dotées d'un système planétaire multiple. Autre résultat important : la proportion d'étoiles dotées de planètes est élevée : on estime à 5 % la proportion d'étoiles munies de planètes ayant une masse comprise entre une demie et cinq fois la masse de Jupiter. Bien sûr, on ne sait rien de la proportion de systèmes contenant des planètes plus petites, puisque celles-ci sont encore indétectables.

La chasse aux exoplanètes ne fait que commencer, mais les premières découvertes font déjà apparaître d'importantes conclusions. La première est que la présence de systèmes stellaires semble largement répandue dans les environnements proches de notre Galaxie. La seconde, bien plus surprenante, est que ces systèmes stellaires ne ressemblent en rien à ce que nous connaissons (c'est-à-dire au nôtre) ! Comprendre les mécanismes de la formation de ces nouveaux systèmes constitue un véritable enjeu pour les astronomes, et de nouvelles théories s'échafaudent. Un processus souvent évoqué est celui de la migration* des planètes, qui permettrait d'expliquer comment une planète géante, formée à de grandes distances de son étoile, pourrait ensuite se rapprocher de celle-ci par le jeu de perturbations de densité induites au sein du disque.

Peut-être des systèmes proches du nôtre existent-ils mais, si c'est le cas, ils sont loin d'être les seuls : le scénario de formation planétaire que nous connaissons n'est pas un modèle universel. Nous avions construit un modèle de formation du système solaire qui s'avère capable de rendre compte de l'ensemble de ses caractéristiques : orbites planétaires coplanaires et quasi-circulaires, planètes telluriques et géantes… Force est de constater que ce modèle de formation ne s'applique en rien aux nouveaux systèmes stellaires détectés. Voilà en quoi la découverte des exoplanètes constitue une révolution pour les astronomes à qui elle pose un véritable défi.

8.3 Les exoterres de demain

L'exploration des exoplanètes ne fait que commencer. Les limites instrumentales d'aujourd'hui, liées à celles de la vélocimétrie, ne nous permettent de détecter que les exoplanètes géantes. L'échelle de temps dont nous disposons pour ces observations – quelques années – nous limite à des exoplanètes situées au plus à quelques UA de leur étoile. Un immense champ reste donc à découvrir, qui correspondrait en particulier aux planètes de notre propre système solaire. Il s'agit d'une part des exoplanètes de type terrestre, aussi appelées exoterres, et d'autre part des planètes géantes éloignées de leur étoile.

Si l'étude de ces deux catégories d'exoplanètes est nécessaire pour tenter une comparaison des systèmes stellaires avec notre propre système, l'exploration des exoterres apparaît d'emblée comme un enjeu particulièrement fascinant. Car si les exoterres existent, peut-être ont-elles vu l'apparition de la vie, voire le développement et le maintien d'une forme évoluée de vie.

a) Comment détecter les exoterres ?

La masse des exoterres n'est pas suffisante pour permettre leur détection par la méthode de vélocimétrie : le mouvement que leur présence induit sur leur étoile, par rapport à leur centre de gravité commun, est trop faible pour être observable. Reste la méthode des transits qui a déjà été utilisée avec succès dans quelques cas. Mais la diminution du signal stellaire lors du passage de la planète n'est que d'environ un centième pour une exoplanète géante, et encore cent fois moins pour une exoterre... Pour détecter une exoplanète géante, il faut donc enregistrer le flux stellaire sur de grandes échelles de temps avec une précision du pourcent, ce qui est faisable depuis la Terre. Mais dans le cas d'une exoterre, il faut une précision du centième de pourcent ! Il n'y a que dans l'espace que l'on peut obtenir des mesures d'une telle stabilité.

C'est pourquoi plusieurs missions spatiales ont été conçues dans ce but. En particulier la mission française Corot est actuellement en cours de développement, avec un lancement prévu en 2006. Elle devrait permettre la détection de plusieurs exoterres, si celles-ci existent... À plus long terme, d'autres projets plus ambitieux, à l'étude aux États-Unis et en Europe, devraient permettre la détection d'un plus grand échantillon de ces perles rares. D'ici une dizaine d'années, on devrait connaître la proportion d'exoterres en orbite autour des étoiles proches, ainsi que leurs propriétés physiques et la distance qui les sépare de leur étoile.

b) Des exoterres habitables ?

Si les exoterres existent, pourraient-elles abriter la vie ? Faute d'autre expérience, faisons référence au seul cas que nous connaissons : le nôtre. Sur la Terre, la présence d'eau liquide a joué un rôle déterminant dans l'apparition du vivant. Nous nous intéresserons donc en priorité aux exoterres susceptibles de conserver l'eau à leur surface sous forme liquide, ce qui implique que leur température de surface soit voisine de la région comprise entre 0 et 100 °C. Pour une étoile de masse donnée, et de type spectral donné, on peut calculer à quelle distance cette condition est remplie : c'est ce que l'on appelle la zone d'habitabilité*. Celle-ci varie beaucoup selon les conditions de l'étoile : plus l'étoile est massive et brillante, plus la zone d'habilité est éloignée. Située à 1 UA dans le cas du Soleil, la zone d'habitabilité se situe à quelque 0,03 UA pour les étoiles les plus faibles, et va jusqu'à plus de 10 UA pour les étoiles les plus brillantes.

Supposons que nous détections un jour des exoterres situées dans la zone d'habitabilité : comment alors y détecter d'éventuelles traces de vie ? Les astronomes, après de multiples recherches, ont privilégié la recherche de l'ozone, plus facile à détecter spectroscopiquement que l'oxygène moléculaire. Si le développement de la vie sur une planète a favorisé la production massive d'oxygène, alors l'ozone a dû apparaître comme produit de photodissociation de celui-ci. L'ozone O_3 a l'avantage de présenter une signature spectrale infrarouge très intense. Or le domaine infrarouge est favorable à la détection des exoplanètes, car plus froides que leur étoile, elles émettent davantage de rayonnement que celle-ci dans ce domaine de longueur d'onde. Le contraste entre le flux planétaire et le flux stellaire est donc plus favorable en infrarouge, tout en restant très faible : 10^{-6}, au lieu de 10^{-9} dans le visible.

Nous connaissons maintenant des techniques susceptibles de permettre la détection des exoplanètes par imagerie infrarouge : il s'agit de la coronographie (qui consiste à masquer le flux de l'étoile centrale) et de l'interférométrie (qui consiste à utiliser plusieurs télescopes pour reconstruire l'image de la planète). Dans le futur, ces méthodes devraient pouvoir être utilisées depuis la Terre pour détecter des exoplanètes géantes, dont le contraste par rapport à leur étoile pourrait être mesurable. En revanche, la détection directe des exoterres, et plus encore la mesure de leur spectre infrarouge, nécessitera l'envoi dans l'espace d'une mission spatiale dédiée à cet objectif. Deux projets de grande ampleur sont à l'étude, TPF (*Terrestrial planet finder*) aux États-Unis et Darwin en Europe. Les défis technologiques soulevés par ces projets sont immenses, mais l'intérêt scientifique de cette recherche est tel que l'on peut espérer voir leur réalisation aboutir à l'horizon des prochaines décennies.

c) SETI : à la recherche de civilisations extraterrestres

Certains n'ont pas attendu la détection d'exoplanètes pour rechercher la vie dans l'Univers. Il s'agit des radioastronomes qui ont mis sur pied, il y a plusieurs décennies, le projet SETI (*Search for extraterrestrial intelligence*). L'idée consiste à émettre continûment dans l'Univers un signal radio à la fréquence de 1 420 MHz, qui correspond à une transition caractéristique de l'hydrogène atomique, l'élément le plus abondant dans l'Univers (figure 8.7). Si une civilisation évoluée existe, elle pourrait penser à utiliser elle aussi ce moyen de communication... Bien que les recherches, initiées par la NASA, aient été jusqu'à présent infructueuses, le programme se poursuit maintenant à l'aide de fonds privés, témoignant de l'intérêt grandissant du public pour la recherche de la vie dans l'Univers.

Figure 8.7
Le miroir sphérique du radiotélescope de Nançay en Sologne. Cet instrument géant peut, comme les autres grands radiotélescopes à travers le monde, être utilisé pour l'émission et la réception de signaux radio dans le cadre de la recherche de vies extraterrestres. (© J. Berezné, CNRS)

Annexe I
Les lois de Kepler

Comme la masse totale des planètes est très faible comparée à la masse du Soleil, les interactions mutuelles des planètes peuvent être négligées dans le calcul de leur trajectoire : c'est l'approximation de Kepler. Le calcul se ramène donc à un problème à deux corps, dans lequel la masse de l'un (la planète) est négligeable devant celle de l'autre (le Soleil). La force qui les lie est la gravitation solaire, proportionnelle à la masse de chacun des deux corps et à l'inverse du carré de la distance héliocentrique, conformément à la loi de l'attraction universelle formulée par Newton.

Pour décrire le mouvement des planètes, on peut ainsi retrouver, à partir des lois de la mécanique, les trois lois empiriques énoncées par Kepler dès le début du XVIIe siècle.

1. L'orbite d'une planète est une ellipse dont le Soleil est l'un des foyers. Le mouvement de l'objet peut être décrit par la formule suivante :

$$r = a\,(1 - e^2)/(1 + e\cos\theta),$$

dans laquelle r est la distance héliocentrique, a le demi-grand axe de l'ellipse, e son excentricité, et θ l'angle relatif au point de l'orbite le plus proche du Soleil, appelé périhélie ($\theta = 0$). Le point de l'orbite le plus éloigné du Soleil est l'aphélie ($\theta = 180°$).

2. Le rayon vecteur joignant le centre du Soleil à la planète balaie des surfaces égales en des temps égaux. C'est la « loi des aires », qui s'écrit :

$$\frac{\mathrm{d}A}{\mathrm{dt}} = \frac{1}{2}\pi^2\left(\frac{\mathrm{d}\theta}{\mathrm{dt}}\right) = \frac{\mathrm{h}}{2}$$

formule dans laquelle A est la surface balayée par le rayon Soleil-planète, et h la constante des aires.

3. Le rapport du cube du demi-grand axe de l'ellipse au carré de la période de révolution de la planète est constant :

$$\frac{a^3}{P^2} = 1$$

formule dans laquelle le demi-grand axe a est exprimé en unités astronomiques et la période P en années. Ainsi, la Terre, dont le demi-grand axe mesure 1 UA, a une période de révolution de un an.

Les planètes, à l'exception de Pluton, et les astéroïdes ont des orbites elliptiques quasi circulaires. Les satellites ont également des orbites quasi circulaires autour de leur planète. Les comètes ont des trajectoires souvent fortement excentriques. En particulier, les nouvelles comètes, qui viennent du nuage de Oort, à plusieurs dizaines de milliers d'unités astronomiques, sont situées sur des orbites quasi paraboliques.

Les orbites des planètes, des astéroïdes et des comètes se définissent par rapport au plan de l'écliptique, qui est celui de l'orbite de la Terre. On appelle inclinaison (i) l'angle que fait le plan de l'orbite avec l'écliptique.

À cause de l'interaction mutuelle des objets du système solaire, les paramètres orbitaux d'une planète ou d'une comète ne sont pas parfaitement constants dans le temps ; c'est en particulier le cas de l'orbite des comètes qui s'approchent des planètes géantes.

Annexe II
Caractéristiques des principaux objets du système solaire

Tableau II.1 Caractéristiques orbitales des planètes.

Nom	Demi-grand axe (UA)	Excentricité	Inclinaison sur l'écliptique (°)	Période de révolution sidérale (année)
Mercure	0,387 10	0,205 631	7,004 8	0,240 8
Vénus	0,723 33	0,006 773	3,394 7	0,615 2
Terre	1,000 00	0,016 710	0,000 0	1,000 0
Mars	1,523 66	0,093 412	1,850 6	1,880 7
Jupiter	5,203 36	0,048 393	1,305 3	11,856
Saturne	9,537 07	0,054 151	2,484 5	29,424
Uranus	19,191 3	0,047 168	0,769 9	83,747
Neptune	30,069 0	0,008 586	1,769 2	163,723
Pluton	39,481 7	0,248 808	17,141 7	248,02

Tableau II.2 Caractéristiques physiques des planètes.

Nom	Masse (kg)	Masse (M_T)	Rayon équatorial	Rayon équatorial (R_T)	Densité (g/cm^3)	Période de rotation	Obliquité (°)	Vitesse d'échappement (km/s)
Mercure	$3{,}302.10^{23}$	0,055	2 439	0,382	5,43	58,646 j.	0	4,43
Vénus	$4{,}868.10^{24}$	0,815	6 051	0,949	5,20	243,018 j.	177,33	10,36
Terre	$5{,}974.10^{24}$	1,000	6 378	1,000	5,52	23,934 h.	23,45	11,19
Mars	$6{,}418.10^{23}$	0,107	3 396	0,532	3,93	24,623 h.	25,19	5,03
Jupiter	$1{,}899.10^{27}$	317,9	71 492	11,21	1,33	9,925 h.	3,08	59,54
Saturne	$5{,}685.10^{26}$	95,16	60 268	9,45	0,69	10,656 h.	26,73	35,49
Uranus	$8{,}683.10^{25}$	14,53	25 559	4,00	1,32	17,24 h.	97,92	21,33
Neptune	$1{,}024.10^{26}$	17,14	24 764	3,88	1,64	16,11 h.	28,80	23,61
Pluton	$1{,}32.10^{22}$	0,002	1 137	0,18	1,94	6,387 j.	119,6	1,25

L'**obliquité** est l'inclinaison de l'axe de rotation propre de la planète par rapport à son plan orbital.

Tableau II.3 Caractéristiques des principaux satellites.

Nom	Année de découverte	Découvreur	Demi-grand axe de l'orbite (en rayon de la planète)	Rayon (km)
Terre				
Lune			60,268	1 737
Mars				
Phobos	1877	A. Hall (É.-U.)	2,76	11
Deimos	1877	A. Hall (É.-U.)	6,91	6
Jupiter				
Amalthée	1892	E. Barnard (É.-U.)	2,52	83
Io	1610	Galilée (I)	5,78	1 822
Europe	1610	Galilée (I)	9,40	1 560
Ganymède	1610	Galilée (I)	14,99	2 631
Callisto	1610	Galilée (I)	26,33	2 410
Saturne				
Janus	1980	-	2,51	88
Mimas	1789	W. Herschel (G.-B.)	3,07	198
Encelade	1789	W. Herschel (G.-B.)	3,95	250
Téthys	1684	J.D. Cassini (F)	4,88	530
Dioné	1684	J.D. Cassini (F)	6,27	559
Rhéa	1672	J.D. Cassini (F)	8,74	764
Titan	1655	C. Huyghens (P.-B.)	20,25	2 575
Hypérion	1848	W. Bond (É.-U.)	24,55	133
Japet	1671	J.D. Cassini (F)	59	718
Phœbé	1898	W. Pickering (É.-U.)	216	110

Tableau II.3 (suite).

Nom	Année de découverte	Découvreur	Demi-grand axe de l'orbite (en rayon de la planète)	Rayon (km)
Uranus				
Miranda	1948	G. Kuiper (É.-U.)	5,12	236
Ariel	1851	W. Lassel (G.-B.)	7,55	579
Umbriel	1851	W. Lassel (G.-B.)	10,50	585
Titania	1787	W. Herschel (G.-B.)	17,26	789
Obéron	1787	W. Herschel (G.-B.)	23,10	761
Neptune				
Triton	1846	W. Lassel (G.-B.)	14,6	1 353
Néréide	1949	G. Kuiper (É.-U.)	229	170
Pluton				
Charon	1978	J.W. Christy (É.-U.)	13	593

Tableau II.4 Caractéristiques des astéroïdes parmi les plus lumineux.

Nom	Numéro	Année de découverte	Demi-grand axe (UA)	Période de révolution (années)	Excentricité de l'orbite	Inclinaison de l'orbite (°)	Rayon (km)	Période de rotation (h)
Cérès	1	1801	2,77	4,60	0,077	9,73	485	9,1
Pallas	2	1802	2,77	4,61	0,232	35,7	269	7,8
Junon	3	1804	2,67	4,36	0,255	14,2	117	7,2
Vesta	4	1807	2,36	3,63	0,090	6,4	258	5,3
Astrée	5	1845	2,58	4,13	0,189	4,8	60	16,8
Hébé	6	1847	2,42	3,77	0,203	14,9	93	7,3
Iris	7	1847	2,39	3,69	0,230	6,6	100	7,1
Flora	8	1847	2,20	3,27	0,156	5,6	68	12,8
Métis	9	1848	2,39	3,69	0,122	4,8	80	5,1
Hygiea	10	1849	3,14	5,60	0,118	5,3	222	27,6
Eunomia	15	1851	2,64	4,30	0,188	13,4	128	6,1
Psyché	16	1852	2,92	4,99	0,138	1,5	125	4,2

Glossaire

Accrétion. Processus de capture par un astre de la matière qui l'environne (on utilise alors le verbe « accréter »). On pense que ce processus est à l'origine de la formation des planètes.

Albédo. Rapport de l'énergie réfléchie par un astre à l'énergie totale qu'il reçoit du Soleil. Il est compris entre 0 (pour une surface complètement noire) et 1 (pour une surface parfaitement réfléchissante).

Anneau. Ensemble de particules solides en orbite autour d'une planète, réparties tout au long de cette orbite, de manière généralement uniforme. Les quatre planètes géantes sont dotées d'un système d'anneaux.

Année-lumière. Distance parcourue par la lumière en un an. Elle est égale à $9{,}46.10^{12}$ km.

Astéroïde (ou « petite planète »). Petit corps en orbite autour du Soleil. La plupart se situent dans la « ceinture astéroïdale principale » à environ 3 UA du Soleil, entre les orbites de Mars et de Jupiter.

Astrométrie. Méthode permettant de mesurer les mouvements propres des étoiles. Elle a été utilisée sans succès pour rechercher d'éventuels compagnons autour d'étoiles voisines, mais la précision des mesures s'est avérée insuffisante.

Atmosphère. Enveloppe gazeuse entourant un astre. On trouve des atmosphères autour de la plupart des planètes, de certains satellites, et autour des comètes lorsque celles-ci se rapprochent du Soleil, ce qui provoque le dégazage de leur surface.

Bar. Unité de pression. 1 bar = 10^5 pascals, soit environ la pression de l'atmosphère terrestre.

Big Bang. Explosion initiale à l'origine de la formation de l'Univers.

Ceinture de Kuiper. Située à quelques dizaines d'unités astronomiques du Soleil (entre environ 30 et 80 UA), la ceinture de Kuiper, aussi appelée ceinture d'Edgeworth-Kuiper, est le site où ont été découverts, au cours de la dernière décennie, les objets transneptuniens. C'est le site présumé des comètes à faible inclinaison et à courte période.

Circulation. Phénomène de mouvement dans une atmosphère planétaire. Il peut être lié à la rotation de la planète et/ou aux variations du flux solaire reçu.

Comète. Objet de très petite dimension (de quelques kilomètres de diamètre) en orbite très excentrique autour du Soleil. Leur trajectoire les mène successivement très loin et très près du Soleil.

Corps parent. Astre dont est originaire la météorite ou le météore observé sur la Terre. On pense que les météorites ont pour corps parents les astéroïdes, tandis que les comètes sont les corps parents des météores.

Cratère. Dépression circulaire à la surface d'un objet du système solaire. Dans le cas des planètes et des satellites, les cratères peuvent être d'origine volcanique ou résulter de la chute d'une météorite (cratères d'impact).

Datation. Méthode permettant d'évaluer l'âge des corps du système solaire à partir de l'analyse de la désintégration de certains éléments radioactifs à longue période.

Dégazage. Éjection de gaz d'un astre. Dans le cas des comètes, le dégazage est lié à la sublimation des glaces du noyau sous l'effet du rayonnement solaire.

Disque protoplanétaire. Disque de matière résultant de l'effondrement d'un nuage interstellaire en rotation sur lui-même. La matière s'effondre en un disque dont la partie centrale se concentre pour former la future étoile. À plus grande distance du centre, les planètes se forment peu à peu par accrétion et collisions mutuelles des planétoïdes (aussi appelés planétésimaux). De nombreux disques protoplanètaires ont été observés autour de jeunes étoiles ou d'étoiles en formation proches du Soleil.

Distance héliocentrique. Distance par rapport au Soleil.

Écliptique. Plan défini par l'orbite de la Terre. Il contient le Soleil, et la plupart des planètes en sont très proches.

Effet de serre. Mécanisme de chauffage d'une surface planétaire par absorption du rayonnement infrarouge émis par cette surface par les gaz de l'atmosphère qui la surmonte. Leurs propriétés spectroscopiques font du gaz carbonique, de l'eau et du méthane des gaz à effet de serre particulièrement actifs. En l'absence de mécanisme de régulation, l'effet de serre tend à s'accélérer. Il est resté modéré au cours de l'histoire de la Terre mais s'est emballé sur Vénus qui présente aujourd'hui une température de surface très élevée (environ 730 K, soit 457 °C).

Étoile filante. Voir Météore.

Exoplanète. Planète extérieure au système solaire.

Exoterre. Planète de type terrestre extérieure au système solaire.

Galaxie. Ensemble d'étoiles dont le Soleil fait partie. Les étoiles sont réparties en spirales dans un disque vue par la tranche (la Voie lactée) depuis le Soleil. Celui-ci est se trouve à 8 kpc du centre, situé dans la constellation du Sagittaire.

Géante rouge. Étoile de grande dimension parvenue à l'un des derniers stades de son évolution, après transformation de son hydrogène et de son hélium en éléments lourds.

Géocroiseur. Corps céleste, astéroïde ou comète, susceptible de passer à proximité de la Terre.

Groupe local. Ce terme désigne les galaxies proches de la nôtre. On y trouve la galaxie d'Andromède (M31) ainsi que les nuages de Magellan, deux compagnons de notre Galaxie visibles depuis l'hémisphère sud.

Isotope. Nom donné à des éléments chimiques dont les noyaux atomiques possèdent le même nombre de protons mais un nombre de neutrons différents. Par exemple, le carbone possède six protons et six neutrons dans sa forme la plus répandue (graphite) alors que son isotope le carbone 14 possède lui six protons et huit neutrons (6 + 8 = 14, d'où son nom).

Kelvin. Le kelvin est l'unité de température du système international. La température en degrés Celsius (ou centigrades) se déduit simplement par la relation : t (°C) = T (K) + 273.

Ligne des glaces. Distance héliocentrique marquant la frontière de changement d'état des éléments légers (H_2O, CO_2, CH_4, NH_3...) au sein du nuage protosolaire. En-deçà de cette limite, ces corps existent sous forme gazeuse ; au delà, solides, ils constituent des embryons de glaces qui ont pu être incorporés aux noyaux des planètes géantes et des comètes. La ligne des glaces marque la frontière entre le domaine des planètes telluriques et celui des planètes géantes. Dans le système solaire actuel, la ligne des glaces est située à environ 2 UA.

Lithosphère. Enveloppe superficielle rigide de la Terre, incluant la croûte et une partie du manteau supérieur.

Magnétosphère. Enveloppe ionisée de la Terre, provenant de l'interaction de son champ magnétique avec le vent solaire.

Marée. Phénomène lié à la différence du champ de gravité entre deux points d'un même objet. Ainsi, sur la Terre, les fluctuations des attractions combinées du Soleil et de la Lune créent le phénomène des marées océaniques. Lorsqu'un petit corps est situé à proximité d'un autre corps très massif, les effets de marée peuvent devenir suffisants pour être responsable d'un volcanisme actif (c'est le cas du satellite Io en orbite autour de Jupiter), voire pour briser la cohésion de l'objet (ce fut le cas pour la comète Shoemaker-Levy 9, en orbite autour de Jupiter, lors de son passage à proximité de la planète en 1992).

Microlentille gravitationnelle. Si une étoile se trouve occultée par un objet extérieur au système solaire (planète extrasolaire ou naine brune), le rayonnement de cette étoile est modifié, non par la réfraction atmosphérique de l'objet (comme c'est le cas lorsqu'elle est occultée par une planète du système solaire), mais par la courbure induite par la masse de l'objet, comme le prévoit la théorie de la relativité. Ce phénomène porte le nom de microlentille gravitationnelle, par analogie avec l'effet de lentille gravitationnelle, qui intervient à plus grande échelle lorsque l'objet occulté est une galaxie très éloignée et l'objet intermédiaire une autre galaxie.

Météore. Fragment de matière extraterrestre ayant pénétré dans l'atmosphère terrestre et se désintégrant en raison du réchauffement lié à la friction ; on observe alors une traînée lumineuse, que l'on appelle communément « étoile filante ».

Météorite. Fragment de roche d'origine extraterrestre tombé à la surface de la Terre.

Migration. Ce terme décrit le mouvement possible d'une planète dans un disque protoplanétaire, qui, sous l'effet d'instabilités de densité au sein du disque, tend à la rapprocher de son étoile centrale.

Naine blanche. Ce type d'étoile constitue l'étape ultime de l'évolution d'une étoile de type solaire. Après la combustion de tout son hydrogène et de tout son hélium, l'étoile devient une géante rouge, puis, après l'éjection de son enveloppe extérieure, une nébuleuse planétaire dont le cœur sera constitué d'une étoile très petite et très dense, la naine blanche.

Naine brune. Nom donné aux « étoiles » de faible masse dans lesquelles la température est insuffisante pour que le déclenchement des réactions de nucléosynthèse (en dehors de celles concernant le deutérium) soit possible. Leur masse se situe entre 13 et 74 fois la masses de Jupiter, soit entre 0,01 et 0,08 fois la masse solaire.

Nébuleuse protosolaire (ou « nébuleuse primitive »). Nuage de matière interstellaire à partir duquel se sont formés le Soleil et le système solaire.

Nuage de Oort. Enveloppe extérieure du système solaire, située à une distance héliocentrique d'environ 40 000 UA. On pense qu'il constitue le réservoir des comètes à longue période.

Nuage zodiacal. Ensemble de poussières interplanétaires provenant essentiellement du dégazage des comètes lors de leur passage à proximité du Soleil.

Nucléosynthèse. Processus de transformation des éléments légers en éléments lourds, par réactions nucléaires au sein d'une étoile. L'hydrogène se transforme en hélium, puis celui-ci en carbone, azote et oxygène, et ainsi de suite jusqu'à la formation des atomes les plus lourds.

Objet transneptunien (ou TNO, *trans-neptunian object*). Objet en orbite autour du Soleil à une distance héliocentrique supérieure à 30 UA. Plus d'un millier de ces objets ont été découverts au cours des dix dernières années.

Occultation stellaire. Phénomène d'alignement au cours duquel un objet (planète, satellite) passe exactement devant une étoile. La mesure du rayonnement de l'étoile pendant la durée du phénomène nous renseigne sur la nature de l'atmosphère qui le réfracte. Cette méthode peut aussi permettre la détection d'anneaux autour d'une planète, comme ce fut le cas pour Uranus en 1977.

Parsec. Distance depuis laquelle une longueur d'une unité astronomique (UA) est vue sous un angle d'une seconde d'arc. Le parsec (pour parallaxe/seconde) est égal à $3{,}08.10^{13}$ km, soit 3,26 années-lumière.

Pergélisol (ou « permafrost »). Mélange de matériau réfractaire et d'eau gelée en permanence à partir d'une faible profondeur. L'eau pourrait être présente sous la surface de Mars sous forme de pergélisol.

Photochimie. Ensemble des réactions chimiques dues à l'action du rayonnement solaire sur une atmosphère.

Photodissociation. Dissociation d'une molécule sous l'effet d'un rayonnement lumineux. Dans le cas d'une atmosphère planétaire ou cométaire, la photodissociation est due au rayonnement solaire.

Plan de l'écliptique. Voir Écliptique.

Planète. Astre de grande dimension (plus de 2 000 km de diamètre) en orbite autour du Soleil. On distingue les planètes telluriques, les plus proches du Soleil, et les planètes géantes, plus éloignées. Pluton, la planète la plus éloignée, doit sa qualification de planète à des raisons historiques : elle apparaît en fait aujourd'hui comme le plus gros représentant actuellement connu de la population récemment découverte des objets transneptuniens. Les astéroïdes sont parfois appelés « petites planètes ».

Planète extrasolaire. Voir Exoplanète.

Planète tellurique. Voir Planète.

Planétésimaux. Voir Planétoïde.

Planétoïde. Fragment de matière solide à partir duquel se constitue une planète par le processus d'accrétion.

Plasma. Gaz ionisé, c'est-à-dire formé d'ions (atomes chargés électriquement) et d'électrons.

Prébiotique. Qui précède l'apparition de la vie. On parle de chimie prébiotique pour décrire le processus de formation des molécules organiques complexes qui, à leur tour, interviennent pour l'élaboration des bases de l'ADN.

Précession des équinoxes. Mouvement de rotation de l'axe nord-sud de la Terre autour de la perpendiculaire au plan de l'écliptique. Cet axe décrit un cône dont le demi-grand axe est de 23° 27', avec une période de 25 800 ans.

Protoétoile. Embryon d'étoile, formé à partir de la contraction de la matière centrale d'un disque protoplanétaire.

Protoplanète. Embryon de planète, avant sa formation définitive.

Rayonnement cosmique. Particules chargées de très grande énergie, provenant soit du Soleil, soit d'étoiles de notre Galaxie.

Satellite. Astre en orbite autour d'une planète. C'est le cas de la Lune en orbite autour de la Terre. Les planètes géantes possèdent un grand nombre de satellites.

Sismographie. Étude des ondes se propageant à l'intérieur d'un corps (planète, satellite).

Spectre. Distribution du rayonnement d'un objet en fonction de sa longueur d'onde. Cette distribution présente un maximum à une longueur d'onde qui dépend de la température de l'objet observé. Dans le cas du Soleil, dont la température photosphérique est de 5 770 K, ce maximum est situé dans le domaine visible, à 0,5 microns. Il se déplace vers l'infrarouge à mesure que la température de l'objet décroît : dans le cas de la Terre (T = 300 K), il se situe vers 13 microns.

Spectroscopie. Analyse du rayonnement électromagnétique d'un astre en fonction de sa longueur d'onde. Cette méthode, à la base de l'astronomie, permet d'identifier les éléments présents dans un astre par l'identification d'émissions de rayonnements à certaines longueurs d'onde caractéristiques de cet élément.

Spectrométrie de masse. Analyse de la masse d'un élément atomique par étude de son comportement en présence d'un champ magnétique.

Sublimation. Passage de l'état solide à l'état gazeux d'un corps, sans l'intermédiaire de l'état liquide.

Supernova. Stade d'évolution tardive des étoiles massives. Lorsque la température de l'étoile atteint le milliard de degrés, tous les éléments lourds, jusqu'au fer, peuvent être synthétisés. Lorsque l'étoile ne contient plus que du fer, l'étoile implose sous l'effet de la gravité et les couches extérieures sont soufflées vers l'extérieur. On assiste alors à l'explosion d'une supernova.

Transit (ou « passage »). Ce terme désigne le passage d'une planète devant une étoile. On a ainsi observé, le 8 juin 2004, le transit de Vénus devant le Soleil. La méthode des transits consiste à rechercher dans un champ stellaire les étoiles qui possèdent une planète dont l'orbite est vue de la Terre par la tranche. On observe alors, pendant le transit, une petite baisse du flux stellaire. Cette méthode sera utilisée par la mission spatiale Corot pour rechercher d'éventuelles exoterres.

Unité astronomique (UA). Distance égale au demi-grand axe de l'orbite de la Terre, soit la distance moyenne de la Terre au Soleil. Elle est de 149,6 millions de kilomètres.

Vélocimétrie. Méthode de recherche de compagnons autour d'étoiles voisines consistant à mesurer le déplacement relatif de l'étoile, le long de l'axe de visée, par rapport au centre de gravité du système. Cette méthode a permis la détection de plus d'une centaine d'exoplanètes géantes en une dizaine d'années.

Vent solaire. Ensemble de particules énergétiques formées d'électrons et de protons, émises en permanence par le Soleil.

Vent stellaire. Ensemble de particules issues des étoiles et éjectées par celles-ci. Les vents stellaires semblent avoir été très violents au début de l'histoire des étoiles.

Zone d'habitabilité. Pour une étoile donnée, ce terme désigne la région de son environnement où une éventuelle planète pourrait conserver un océan liquide. Pour une étoile de type solaire, cette distance est située à 1 UA. Elle est plus proche pour une étoile moins massive (et donc moins brillante), et plus éloignée dans le cas contraire.

Bibliographie

CHAPITRE 1

Atmosphères planétaires, Th. Encrenaz, Belin/CNRS-Editions, 2000.

Encyclopaedia of Planetary Sciences, J. H. Shirley, R. W. Fairbridge, Chapman & Hall, 1997.

Encyclopaedia of the Solar System, P. R. Weissman, L.-A. Mc Fadden, T. V. Johnson éditeurs, Academic Press, 1999.

Encyclopédie scientifique de l'Univers : les étoiles, le système solaire, Bureau des Longitudes, Gauthier-Villard, 1986.

Les éclipses du Soleil, L. Petitbon, collection « Dominos », Flammarion, 1999.

Les sciences du ciel, sous la direction de P. Léna, Flammarion, 1996.

Physics and Chemistry of the Solar System, J. S. Lewis, Academic Press, 1995.

Planetary Sciences, I. de Pater, J. Lissauer, Cambridge University Press, 2001.

The New Solar System, B. O'leary, J. K. Beatty, A. Chaiikin éditeurs, Cambridge University Press, Sky Publishing Corporation, 1999.

The Planetary System, D. Morrisson, T. Owen, Addison-Wesley Publishing Company, 1996.

CHAPITRE 2

Astrophysique : méthodes physiques de l'observation, P. Léna, CNRS-Editions, 1996.

Atmospheric Radiation, R. M. Goody, Clarendon Press, 1964.

Principles of Atmospheric Physics and Chemistry, R. M. Goody, Oxford University Press, 1995.

Radiative Transfer, S. Chandrasekhar, Dover Publications, 1960.

The Physics of Atmospheres, J. T. Houghton, Cambridge University Press, 1986.

CHAPITRE 3

Collisions dans le système solaire, P. Bendjoya, Belin, 1998.

Le chaos dans le système solaire, I. Peterson, Belin, 1995.

Origin and Evolution of Planetary and Satellite Atmospheres, S. K. Atreya, P. B. Pollack, M. S. Matthews éditeurs, University of Arizona Press, 1989.

Protostars and Planets III, E. Levy, J. Lunine éditeurs, University of Arizona Press, 1993.

Solar System Evolution, A New Perspective, S. R. Taylor, Cambridge University Press, 1992.

CHAPITRE 4

A History of Earth, J. J. W. Rogers, Cambridge University Press, 1993.

Climats, d'hier à demain, S. Joussaume, CEA/CNRS Éditions, 1993.

Comparative Planetology with an Earth's Perspective, M. T. Chahine, M. F. A'Hearn, J. Rahe, Kluwer, 1995.

Earth : Evolution of a Habitable World, J. Lunine, Cambridge University Press, 1999.

La planète Mars, F. Costard, collection Que sais-je ?, Presses Universitaires de France, 2000.

La planète Mars, F. Forget, F. Costard, P. Lognonné, Belin, 2003.

Mars, H. H. Kieffer, B. M. Jakosky, C. W. Snyder, University of Arizona Press, 1992.

Photochemistry of the Atmospheres of Mars and Venus, V. A. Krasnopolsky, Springer-Verlag, 1986.

Planète Mars, F. Rocard, collection Dominos, Flammarion, 2001.

Planète rouge, F. Rocard, collection Quai des sciences, Dunod, 2004.

Système Terre, S. I. Rasool, Collection Dominos, Flammarion, 1993.

Venus, D. M. Hunten, L. Colin, T. M. Donahue, V. I. Moroz éditeurs, University of Arizona Press, 1983.

CHAPITRE 5

Jupiter Odyssey. The Story of NASA's Galileo Mission, D. M. Harland, Springer & Praxis Publishing, 2000.

Jupiter, T. Gehrels éditeur, University of Arizona Press, 1976.

Les planètes géantes, Th. Encrenaz, Belin, 1996.

Neptune and Triton, D. Cruikshank, M. S. Matthews éditeurs, University of Arizona Press, 1997.

Planetary Rings, R. Greenberg, A. Brahic éditeurs, University of Arizona Press, 1984.

Planetary Satellites, J. A. Burns éditeur, University of Arizona Press, 1977.

Satellites of Jupiter, D. Morrisson éditeur, University of Arizona Press, 1981.

Satellites, J. A. Burns, M. S. Matthews éditeurs, University of Arizona Press, 1984.

Saturn, T. Gehrels, M. S. Matthews éditeurs, University of Arizona Press, 1984.

The Collision of Comet Shoemaker-Levy 9 with Jupiter, K. S. Noll, H. A. Weaver, P. D. Feldman, Cambridge University Press, 1996.

The Giant Planet Jupiter, J. H. Rogers, Cambridge University Press, 1995.

The Great Comet Crash, J. R. Spencer, J. Mitton, Cambridge University Press, 1995.

Titan, the Earth-like Moon, A. Coustenis, F. W. Taylor, World Scientific, 1999.

Uranus, J. T. Bergstrahl, E. D. Miner, M. S. Matthews éditeurs, University of Arizona Press, 1991.

CHAPITRE 6

Asteroids II, R. Binzel, T. Gehrels, M. Shapley éditeurs, University of Arizona Press, 1989.

Asteroids III, W. F. Bottke, A. Cellino, P. Paolicchi, R. P. Binzel, University of Arizona Press, 2002.

Asteroids, T. Gehrels éditeur, University of Arizona Press, 1979.

Beyond Pluto, J. Davies, Cambridge University Press, 2001.

Comets in the post-Halley Era, R. L. Newburn, M. Neugebauer, J. Rahe éditeurs, Kluwer, 1991.

Comets, L. Wilkening éditeur, University of Arizona Press, 1982.

Exploration of Halley's Comet, M. Grewing, F. Praderie, R. Reinhardt éditeurs, Springer-Verlag, 1987.

Hazards Due to Comets and Asteroids, T. Gehrels éditeur, University of Arizona Press, 1994.

La mort des dinosaures : l'hypothèse cosmique, Ch. Frankel, Masson, 1996.

Les comètes et les astéroïdes, A.-C. Levasseur-Regourd, Éditions du Seuil, 1997.

Les comètes, A. Brahic, collection « Que sais-je ? », Presses Universitaires de France, 1993.

Les comètes, J. Crovisier, Th. Encrenaz, Belin/CNRS-Editions, 1995.

Les météorites et leurs impacts, A. Carton, Armand Colin, 1993.

Les météorites, B. Zanda, M. Rotaru, Ph. de la Cotardière éditeurs, Bordas, 1996.

Origin and Evolution of Interplanetary Dust, A.-C. Levasseur-Regourd, H. Hasegawa éditeurs, Kluwer, 1991.

Pluto and Chiron, S. A. Stern et D. J. Tholen éditeurs, University of Arizona Press, 1997.

CHAPITRE 7

Astrobiology : The Quest for Conditions of Life, G. Horneck, C. Baumstark-Kahn éditeurs, Springer-Verlag, 2002.

La vie sur Mars, Ch. Frankel, Seuil, 1999.

Life of the Past, W. I. Ausich, N. G. Lane, 4e édition, Prentice Hall, 1999.

The Hunt for Life on Mars, D. Goldsmith, Dutton, 1997.

The Search for Life on Other Planets, B. Jakosky, Cambridge University Press, 1998.

CHAPITRE 8

Astronomie et astrophysique, M. Seguin, B. Villeneuve, Éditions du Renouveau Pédagogique, 1995.

Atlas de l'astronomie, J. Audouze, G. Israël, Encyclopaedia Universalis, 1983.

Dictionnaire de l'astronomie, Encyclopaedia Universalis, Albin Michel, 1999.

Encyclopaedia of Astronomy and Astrophysics, Institute of Physics Publishing & Nature Publishing, 2001.

Extrasolar Planets, S. Clark, Wiley & Praxis, 1998.

Le grand livre du ciel, sous la direction de Ph. de la Cotardière, Bordas, 1999.

Les nouveaux mondes du cosmos, M. Mayor, P.-Y. Frei, Éditions du Seuil, 2001.

Looking for Earths, A. Boss, Wiley, 1998.

Vagabonds de l'espace, K. R. Lang, Ch. A. Whitney, Springer-Verlag, 1991.

Table des matières